编委会

编　　著：方海涛　田　梠　李俊兰

参编人员：李鹏飞　王宏喜　关湘茹

自然珍藏图鉴丛书

大兴安岭次生林区

常见野生动物图鉴

華中科技大學出版社
http://www.hustp.com
中国 · 武汉

内容简介

本图鉴共收录大兴安岭次生林区主要生态环境类型中的动物 197 种。其中两栖纲 6 种、爬行纲 4 种、鸟纲 163 种、哺乳纲 24 种。书中叙述了物种的别名、英文名、识别特征、地理分布等，全书有彩色照片 300 余幅。书后附中文名索引和拉丁名索引。

本书图文并茂，照片凸显形态鉴别特征、生境特征，部分物种提供雌雄个体、卵及巢照片，可供高等综合性院校、高等农林院校及高等师范院校生命科学和环境科学相关专业的学生野外实习使用，也可供动物学研究人员、野生动物保护管理机构、环境评价等部门的工作人员及野生动物爱好者参考。

图书在版编目 (CIP) 数据

大兴安岭次生林区常见野生动物图鉴 / 方海涛，田相，李俊兰编著．—武汉：华中科技大学出版社，2021.10

ISBN 978-7-5680-7555-8

Ⅰ．①大… Ⅱ．①方… ②田… ③李… Ⅲ．①大兴安岭－次生林－野生动物－图集
Ⅳ．① Q958.523.5-64

中国版本图书馆CIP数据核字(2021)第196661号

大兴安岭次生林区常见野生动物图鉴　　方海涛　田相　李俊兰　编著

Daxing'anling Cisheng Linqu Changjian Yesheng Dongwu Tujian

策划编辑：罗　伟
责任编辑：郭逸贤
封面设计：廖亚萍
责任校对：李　弋
责任监印：周治超
出版发行：华中科技大学出版社（中国・武汉）　　电话：(027)81321913
　　　　　武汉市东湖新技术开发区华工科技园　　邮编：430223
录　　排：华中科技大学惠友文印中心
印　　刷：武汉精一佳印刷有限公司
开　　本：710mm×1000mm　1/16
印　　张：14
字　　数：183 千字
版　　次：2021 年 10 月第 1 版第 1 次印刷
定　　价：148.00 元

前言

大兴安岭次生林区行政隶属于内蒙古自治区 4 盟市 18 旗（县区），包括全国陆生野生动物调查单元区划的大兴安岭西部山前台地－内蒙古、大兴安岭南部丘陵－内蒙古、大兴安岭南部山前台地－内蒙古、大兴安岭西麓－内蒙古 4 个地理单元，地理坐标北纬 42°24′23.94″～50°54′27.19″，东经 117°0′49.08″～124°38′51.48″，总面积近 168267 平方千米，约占内蒙古自治区国土总面积的 14.26%，以中低山地貌为主，地势从东北至西南端逐步增高，境内有莽莽林海、星罗棋布的湖泊和沼泽、坦荡无垠的草原，是森林向草原的过渡地带，生境复杂，孕育丰富的野生动物资源。2014—2020 年，内蒙古自治区林业监测规划院完成了对内蒙古自治区陆生野生动物资源的调查工作，积累了大量的野生动物照片、物种鉴别经验及野生动物分布信息，尤其是大兴安岭次生林区的野生动物资料，为此，我们组织相关专家编写了本图鉴。

本图鉴的分类系统：两栖纲、爬行纲主要以旭日干主编的《内蒙古动物志》（第二卷，2001）为主要依据；鸟纲主要以郑光美主编的《中国鸟类分类与分布名录》（第三版，2017）为主要依据；哺乳纲主要以旭日干主编的《内蒙古动物志》（第五卷、第六卷，2016）为主要依据。

本图鉴收录的照片来自多位内蒙古自治区林业监测规划院的调查队员，多年来在内蒙古地区调查野生动物资源时的积累，这些照片涉及大兴安岭次生林区的森林、草原、农田、湿地、山地等生态环境中的动物。全书由田相负责统稿及部分物种照片鉴定。图鉴中的文字部分由李鹏飞、方海涛和李俊兰编写，关湘茹负责中文名索引和拉丁名索引。图鉴中的照片由方海涛、齐志敏、冯桂林、马颖伟、李存、张波、达赖、王强、吴元和、王宏喜提供，并在所提供的照片下面标注了摄影者的姓名。

本书得到全国第二次陆生野生动物资源调查项目及内蒙古自治区野生动植物保护补助项目资助。

由于编著者水平有限，疏漏和错误在所难免，恳请读者指正。

编著者

目录

两栖纲

爬行纲

鸟　纲

哺乳纲

两栖纲

AMPHIBIA

1 极北鲵

Salamandrella keyserlingii

国家Ⅱ级重点保护野生动物 《中国脊椎动物红色名录》评估为无危(LC)

中国“三有”动物

【别名】 水蛇子。

【英文名】 Siberian Salamander.

【识别特征】 体小，全长不超过 140 mm。无唇褶，指、趾均为 4 枚。体背有两条浅褐色或黄棕色纵纹。

【地理分布】 柴河林业局月亮天池景区门口、阿尔山地区。

极北鲵 *Salamandrella keyserlingii* （方海涛摄 柴河林业局月亮天池景区门口）

2 大蟾蜍

Bufo gargarizans

《中国脊椎动物红色名录》评估为无危（LC） 中国“三有”动物

【别名】 中华蟾蜍。

【英文名】 Common Toad.

【识别特征】 皮肤粗糙，体背面密布大小不等的疣粒，胫部背面疣粒较大，头顶光滑无疣粒，具发达的耳旁腺，体腹面黑斑显著。

【地理分布】 柴河林业局韭菜沟林场。

大蟾蜍 *Bufo gargarizans* 腹面

大蟾蜍 *Bufo gargarizans* 卵

大蟾蜍 *Bufo gargarizans* 背面 （方海涛摄 柴河林业局）

3 花背蟾蜍

Bufo raddei

《中国脊椎动物红色名录》评估为无危（LC） 中国“三有”动物

【别名】 癞蛤蟆、疥蛤蟆。

【英文名】 Rain Toad.

【识别特征】 背部花纹显著，布满疣粒。雄性背面橄榄黄色，有不规则的花斑，雌性背面浅绿色，有明显酱紫色花斑。两性腹侧皆为白色。

【地理分布】 大兴安岭次生林区各地潮湿的草丛、农田、水沟或池塘均有分布。

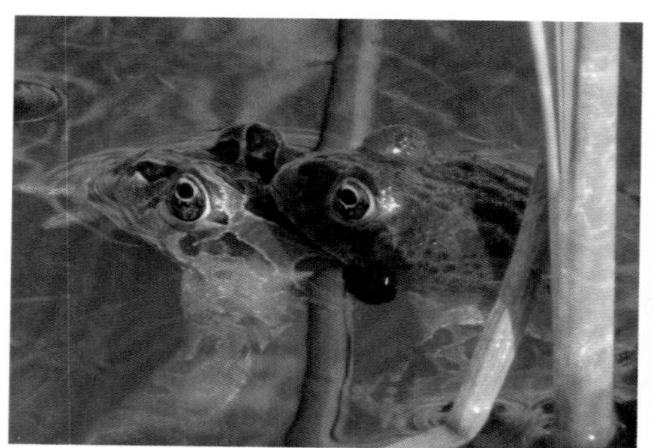

花背蟾蜍 *bufo raddei* 雌性 （方海涛摄 五岔沟林业局）

4 黑斑侧褶蛙
Rana nigromaculata

《中国脊椎动物红色名录》评估为近危（NT） 中国“三有”动物 内蒙古自治区重点保护陆生野生动物

【别名】 田鸡。

【英文名】 Dark Spotted Frog.

【识别特征】 体色变异较大，一般体背部绿色，也有黄绿色或灰棕色的，具有不规则的黑斑，背侧褶较宽，分布 4 ～ 6 行短肤褶。腹部白色。

【地理分布】 赛罕乌拉国家级自然保护区、巴林左旗乌兰坝国家级自然保护区。

黑斑侧褶蛙 *Rana nigromaculata* （方海涛摄 赛罕乌拉国家级自然保护区）

5 黑龙江林蛙

Rana amurensis

《中国脊椎动物红色名录》评估为近危（NT） 中国“三有”动物 内蒙古自治区重点保护陆生野生动物

【别名】 蛤士蟆。

【英文名】 Siberian Woodfrog.

【识别特征】 背面灰棕色略微泛绿、褐灰色、棕黑色、红棕色或棕黄色。皮肤粗糙，背面、体侧、四肢上有长圆形和大小不等的分散疣粒。从两眼间至肛门上方有1条宽阔且呈灰色稍带蓝色的脊中线。咽、胸及腹部有鲜艳朱红色与深灰色相杂的斑纹，体侧和四肢腹面有红点。

【地理分布】 科尔沁右翼前旗、柴河林业局、扎鲁特旗。

黑龙江林蛙 *Rana amurensis* （方海涛摄 科尔沁右翼前旗索伦林场）

6 中国林蛙
Rana chensinensis

《中国脊椎动物红色名录》评估为无危（LC） 中国“三有”动物 内蒙古自治区重点保护陆生野生动物

【别名】 蛤士蟆。

【英文名】 Chinese Woodfrog.

【识别特征】 体背部土黄色，背侧褶明显但不彼此平行，鼓膜处三角形黑斑明显。

【地理分布】 大兴安岭次生林区林间、平原和农田等均可见到。

中国林蛙 *Rana chensinensis* （方海涛摄 柴河林业局）

爬行纲

REPTILIA

7 丽斑麻蜥

Eremias argus

《中国脊椎动物红色名录》评估为无危（LC） 中国“三有”动物

【别名】 麻蛇子、蛇狮子。

【英文名】 Mongolian Racerunner.

【识别特征】 体型圆长而扁平。背部黄褐色，体背两侧具断续排列的黑缘白斑，伴有浅色断续的纵纹。腹侧黄白色。

【地理分布】 扎赉特旗。

丽斑麻蜥 *Eremias argus* （方海涛摄 扎赉特旗额尔吐林场）

8 白条锦蛇

Elaphe dione

《中国脊椎动物红色名录》评估为无危（LC） 中国“三有”动物

【别名】 枕纹锦蛇。

【英文名】 Dione Ratsnake.

【识别特征】 体形较大，体长可达 1 米以上。体背灰褐色或棕黄色，具 3 条浅灰色纵纹，伴有褐色斑纹或黑色横纹。头背部具暗褐色钟形横斑。

【地理分布】 扎赉特旗、科尔沁右翼前旗。

白条锦蛇 *Elaphe dione* （吴元和摄 扎赉特旗巴彦乌拉镇）

9 虎斑颈槽蛇

Rhabdophis tigrinus

《中国脊椎动物红色名录》评估为无危（LC） 中国“三有”动物

【别名】 红脖游蛇、虎斑游蛇、野鸡脖子、菜花蛇。

【英文名】 Chinese Tiger Snake.

【识别特征】 体色艳丽，背面翠绿色，颈部及体背前2/3段具黑斑并杂以火红色斑，在体中段往后红色逐渐消失。

【地理分布】 扎兰屯市、扎赉特旗（巴彦乌兰镇、图牧吉）、柴河林业局、巴林左旗乌兰坝国家级自然保护区、赛罕乌拉国家级自然保护区、林西县福林林场。

虎斑颈槽蛇 *Rhabdophis tigrinus* （吴元和摄 扎赉特旗图牧吉国家级自然保护区）

10 乌苏里蝮蛇

Gloydius ussuriensis

《中国脊椎动物红色名录》评估为近危（NT） 中国“三有”动物 内蒙古自治区重点保护陆生野生动物

【别名】 蝮蛇。

【英文名】 Ussuri Mamushi.

【识别特征】 中段背鳞21行；自颈至尾有2行浅色镶有暗褐色边缘的圆斑；尾的后段或末端不呈白色；眼后黑带上缘的白色眉纹极为窄细。

【地理分布】 莫力达瓦达斡尔族自治旗、五岔沟林业局（明水林场、特门林场）、扎赉特旗、科尔沁右翼前旗。

乌苏里蝮 *Gloydius ussuriensis* （冯桂林摄 五岔沟林业局）

鸟 纲

AVES

11 花尾榛鸡

Tetrastes bonasia

国家Ⅱ级重点保护野生动物　世界自然保护联盟（IUCN）评估为低度关注（LC）《中国脊椎动物红色名录》评估为无危（LC）

【别名】 飞龙。

【英文名】 Hazel Grouse.

【识别特征】 体棕灰色，具栗褐色横斑。头上有短羽冠。雄性喉部黑色，周缘有白色环带，雌性喉部棕黄色，具有黑色羽缘，喉周的白色环带不明显。外侧尾羽灰褐色，末端有黑、白两条宽带。

【地理分布】 阿荣旗、南木林业局、巴林林业局、扎兰屯市、免渡河林业局、柴河林业局、绰尔林业局、科尔沁右翼前旗、乌奴耳林业局、鄂温克族自治旗、五岔沟林业局、莫力达瓦达斡尔族自治旗、扎赉特旗、绰源林业局、牙克石市免渡河林场、陈巴尔虎旗、额尔古纳市、红花尔基林业局、新巴尔虎左旗、阿尔山林业局、白狼林业局。

雌性

雄性

花尾榛鸡 *Tetrastes bonasia*（齐志敏摄　白狼林业局）

12 斑翅山鹑
Perdix dauurica

世界自然保护联盟（IUCN）评估为低度关注（LC）《中国脊椎动物红色名录》评估为无危（LC） 中国“三有”动物

【别名】 斑翅、沙半斤儿。

【英文名】 Daurian Partridge.

【识别特征】 嘴石板黑色，脚肉红色。上体棕褐色具栗色横斑，两翅具明显白色纵纹，腹部具黑色马蹄状块斑。胁具褐色横斑。雌鸟腹部无黑色块斑。幼鸟上体沙棕色，具白色纵纹。

【地理分布】 莫力达瓦达斡尔族自治旗、阿荣旗、鄂温克族自治旗、扎兰屯市、扎赉特旗、额尔古纳市、阿尔山林业局、牙克石市免渡河林场、巴林林业局、五岔沟林业局、红花尔基林业局、科尔沁右翼前旗、科尔沁右翼中旗。

斑翅山鹑 *Perdix dauurica* （李存摄 科尔沁右翼前旗索伦林场）

13 日本鹌鹑

Coturnix japonica

世界自然保护联盟（IUCN）评估为近危（NT）《中国脊椎动物红色名录》评估为无危（LC）　中国“三有”动物

【别名】 赤喉鹑。

【英文名】 Japanese Quail.

【识别特征】 上体具褐色与黑色横斑及皮黄色矛状长条纹；下体皮黄色，胸及两胁具黑色条纹；头具条纹及近白色的长纹眉。夏季雄鸟脸、喉及上胸栗色。

【地理分布】 阿尔山林业局、莫力达瓦达斡尔族自治旗、五岔沟林业局、额尔古纳市、扎鲁特旗。

日本鹌鹑 *Coturnix japonica* （齐志敏摄 阿尔山林业局伊尔斯林场）

14 环颈雉

Phasianus colchicus

世界自然保护联盟（IUCN）评估为低度关注（LC）《中国脊椎动物红色名录》评估为无危（LC） 中国“三有”动物

【别名】野鸡、山鸡、雉鸡。

【英文名】Ring-necked Pheasant.

【识别特征】雄鸟羽色艳丽，颈部有白色颈圈，尾羽长而具横斑；雌鸟羽色暗淡，背面呈浅棕灰色，并杂以红棕色和黑褐色斑，颈部不具白环，尾羽也较短。

【地理分布】科尔沁右翼前旗、科尔沁右翼中旗、扎赉特旗、莫力达瓦达斡尔族自治旗、阿荣旗、扎兰屯市、南木林业局、柴河林业局、巴林林业局、免渡河林业局、鄂温克族自治旗、牙克石市、额尔古纳市、五岔沟林业局、扎鲁特旗、白狼林业局。

环颈雉 *phasianus colchicus* （王强摄 扎赉特旗吉日根林场）

15 鸿雁

Anser cygnoides

国家Ⅱ级重点保护野生动物　世界自然保护联盟（IUCN）评估易危（VU）《中国脊椎动物红色名录》评估为易危（VU）　中国“三有”动物　内蒙古自治区重点保护陆生野生动物

【别名】 大雁、黑嘴雁。

【英文名】 Swan Goose.

【识别特征】 嘴部黑色，额、头顶至后颈暗褐色，前颈、侧颈为白色，嘴与额间有一条明显的白色细纹，前胸、腹部浅黄褐色，自前向后成渐变色。

【地理分布】 扎赉特旗、扎鲁特旗。

鸿雁 *Anser cygnoides* （吴元和摄 扎赉特旗图牧吉国家级自然保护区）

16 灰雁
Anser anser

世界自然保护联盟（IUCN）评估为低度关注（LC）《中国脊椎动物红色名录》评估为无危（LC） 中国“三有”动物 内蒙古自治区重点保护陆生野生动物

【别名】 沙鹅。

【英文名】 Greylag Goose.

【识别特征】 嘴、脚肉粉色。上体灰色。背肩部灰褐色，下体污白色，腹部有暗褐色或棕褐色横斑，尾下腹羽白色。幼鸟：上体暗灰褐色，胸部和前腹部灰褐色，没有黑色斑块。雏鸟：头顶及整个上体为黄褐色，两颊及后颈黄色，下体淡黄色。

【地理分布】 扎赉特旗、巴林右旗。

灰雁 *Anser anser* （方海涛摄 扎赉特旗图牧吉国家级自然保护区）

17 翘鼻麻鸭

Tadorna tadorna

世界自然保护联盟（IUCN）评估为低度关注（LC）《中国脊椎动物红色名录》评估为无危（LC） 中国“三有”动物

【别名】冠鸭。

【英文名】Common Shelduck.

【识别特征】嘴赤红色，脚肉红色。雄鸟头及上颈黑色有绿色光泽。上背至胸部有棕栗色环带。嘴上翘，嘴基有大型凸起红色皮质肉瘤。雌鸟头不具绿色光泽，前额有一小白色斑点，嘴基无红色皮质肉瘤。

【地理分布】科尔沁右翼中旗、扎兰屯市、额尔古纳市、扎鲁特旗、阿鲁科尔沁旗、巴林右旗。

翘鼻麻鸭 *Tadorna tadorna* （齐志敏摄 阿鲁科尔沁旗扎格斯台水库）

18 赤麻鸭

Tadorna ferruginea

世界自然保护联盟（IUCN）评估为低度关注（LC）《中国脊椎动物红色名录》评估为无危（LC） 中国“三有”动物

【别名】 红雁。

【英文名】 Ruddy shelduck.

【识别特征】 嘴、脚黑色。全身赤黄褐色，翅上有明显的白色翅斑和铜绿色翼镜。尾黑色。雄鸟有 1 黑色颈环。雌鸟体色稍淡，头顶和头侧几乎白色，颈基无黑色领环。卵淡黄色。

【地理分布】 科尔沁右翼前旗、科尔沁右翼中旗、柴河林业局、呼伦贝尔市、五岔沟林业局、扎鲁特旗。

雄性

雌性

赤麻鸭 *Tadorna ferruginea*（方海涛摄 科尔沁右翼中旗）

19 鸳鸯

Aix galericulata

国家Ⅱ级重点保护野生动物 世界自然保护联盟（IUCN）评估为低度关注（LC） 《中国脊椎动物红色名录》评估为近危（NT）

【别名】 匹鸟（古名）、官鸭。

【英文名】 Mandarin Duck.

【识别特征】 嘴橙红色，嘴甲尖端白色。眼周白色，眼后有一白色眉纹。雄鸟头顶具翠绿色羽冠，翅上具1对橙黄色直立帆状羽。雌性头部和背部灰褐色，头上无羽冠，翅上亦无帆状羽。

【地理分布】 莫力达瓦达斡尔族自治旗、柴河林业局、科尔沁右翼前旗、五岔沟林业局、扎赉特旗、克什克腾旗。

鸳鸯 *Aix galericulata* （齐志敏摄 科尔沁右翼前旗索伦林场）

20 赤膀鸭

Mareca strepera

世界自然保护联盟（IUCN）评估为低度关注（LC）《中国脊椎动物红色名录》评估为无危（LC） 中国“三有”动物

【别名】 潦凫（辞典），青边仔（南名）。

【英文名】 Gadwall.

【识别特征】 雄鸭嘴黑色，脚橙黄色，头及上颈棕色，过眼线黑褐色，胸部褐色有新月形白色细斑，腹部白色，尾褐色，尾部上下覆羽黑色，翼镜黑白色。雌鸭嘴橙黄色，上缘黑色，上体大多暗褐色，具棕白色斑纹，翼镜不明显，下体棕白色，杂以褐色斑。

【地理分布】 科尔沁右翼中旗、扎兰屯市、额尔古纳市、牙克石市、白狼林业局、五岔沟林业局、科尔沁右翼前旗。

赤膀鸭 *Mareca strepera* 雌性 （方海涛摄 额尔古纳市黑山头镇）

21 赤颈鸭

Mareca penelope

世界自然保护联盟（IUCN）评估为低度关注（LC） 《中国脊椎动物红色名录》评估为无危（LC） 中国“三有”动物

【别名】 红鸭、绒鸭。

【英文名】 Eurasian Wigeon.

【识别特征】 嘴蓝灰色，尖端近黑。雄鸭头、颈棕红色，额至头顶黄色，翼镜翠绿色，体侧有一醒目白斑。雌鸭上体黑褐色，羽缘棕色或灰白色，呈覆瓦状斑纹，翼镜灰黑褐色。

【地理分布】 扎兰屯市、牙克石市、扎赉特旗。

赤颈鸭 *Mareca penelope* （方海涛摄 扎兰屯市）

22 绿头鸭

Anas platyrhynchos

世界自然保护联盟（IUCN）评估为低度关注（LC） 《中国脊椎动物红色名录》评估为无危（LC） 中国“三有”动物

【别名】 大绿头。

【英文名】 Mallard.

【识别特征】 雄鸟嘴橄榄黄色。头颈暗绿色，颈基有白色领环，胸栗色，翼镜紫蓝色，中央两对黑色尾羽，末端向上卷曲。雌鸭嘴橙黄色，贯眼纹褐色，具紫蓝色翼镜及翼镜前后缘有宽阔的白边。

【地理分布】 科尔沁右翼前旗、科尔沁右翼中旗、南木林业局、扎兰屯市、五岔沟林业局、扎赉特旗、额尔古纳市、扎鲁特旗。

绿头鸭 *Anas platyrhynchos* （方海涛摄 额尔古纳市黑山头镇）

23 斑嘴鸭

Anas zonorhyncha

世界自然保护联盟（IUCN）评估为低度关注（LC） 《中国脊椎动物红色名录》评估为无危（LC） 中国“三有”动物

【别名】 大乌毛。

【英文名】 Spot-billed Duck.

【识别特征】 上嘴蓝黑色，端部黄色，跗跖和蹼、爪均呈红色。体羽大都棕褐色。翼镜蓝紫色，闪金属光泽。眉纹白色。

【地理分布】 科尔沁右翼前旗、科尔沁右翼中旗、额尔古纳市、扎鲁特旗、巴林右旗、牙克石市、克什克腾旗、鄂温克族自治旗。

斑嘴鸭 *Anas zonorhyncha* （方海涛摄 额尔古纳市黑山头镇）

24 绿翅鸭

Anas crecca

世界自然保护联盟（IUCN）评估为低度关注（LC）《中国脊椎动物红色名录》评估为无危（LC） 中国“三有”动物

【别名】 巴鸭、八鸭。

【英文名】 Green-winged Teal.

【识别特征】 体型较小，是我国河鸭中最小的一种，雄鸭头部深栗色，眼周至头顶两侧各具有黑色闪蓝绿色带斑。雌性和雄性均具有金属翠绿色的翼镜。

【地理分布】 柴河林业局、额尔古纳市。

绿翅鸭 *Anas crecca* 雌性 （方海涛摄 额尔古纳市黑山头镇）

25 白眉鸭

Spatula querquedula

世界自然保护联盟（IUCN）评估为低度关注（LC）《中国脊椎动物红色名录》评估为无危（LC） 中国“三有”动物

【别名】 小石鸭、小八鸭。

【英文名】 Garganey.

【识别特征】 雄鸭头顶、喉巧克力色，具宽阔的白色眉纹，翼镜深绿色，胸部黄褐色，杂以黑褐色波状斑，腹部白色。雌鸭白眉和翼镜均不明显，上体大都朽叶色，下体灰白色，胸部具有褐色斑，有黑色过眼线，嘴角有白斑。

【地理分布】 扎兰屯市、额尔古纳市。

白眉鸭 *Spatula querquedula*（方海涛摄 额尔古纳市黑山头）

26 红头潜鸭

Aythya ferina

世界自然保护联盟（IUCN）评估为易危（VU）　《中国脊椎动物红色名录》评估为无危（LC）　中国“三有”动物

【别名】 红头鸭。

【英文名】 Common Pochard.

【识别特征】 雄鸭的头和上颈栗色，上背和胸黑色，下背、两肩羽灰色，缀以黑色虫状细纹，翼镜灰色，后胸、腹灰色，有不规则黑褐色细斑。雌鸭的头和颈棕褐色，上胸暗棕色，下胸和腹褐色，羽端具不规则白色横纹，尾下腹羽黑褐色、羽端白色。

【地理分布】 额尔古纳市。

红头潜鸭 *Aythya ferina* （方海涛摄　额尔古纳市黑山头）

27 青头潜鸭

Aythya baeri

国家Ⅰ级重点保护野生动物　世界自然保护联盟（IUCN）评估为极危（CR）《中国脊椎动物红色名录》评估为极危（CR）　中国“三有”动物　内蒙古自治区重点保护陆生野生动物

【别名】 青头鸭。

【英文名】 Baer's Pochard.

【识别特征】 雄鸭头部、颈部黑色，闪绿色光泽，上体黑褐色，胸部暗栗色；雌鸭头部、颈部黑褐色，胸部淡棕色，腹部白色。雌鸭和雄鸭翼镜均白色。

【地理分布】 科尔沁右旗前旗、扎兰屯市。

青头潜鸭 *Aythya baeri* （方海涛摄 科尔沁右翼前旗）

28 鹊鸭

Bucephala clangula

世界自然保护联盟（IUCN）评估为低度关注（LC） 《中国脊椎动物红色名录》评估为无危（LC） 中国“三有”动物

【别名】 白脸鸭、喜鹊鸭。

【英文名】 Common Goldeneye.

【识别特征】 雄鸭头部黑色，额顶上隆，近嘴基处颊部有一白色圆斑，上体黑色，翅上具大型白色纵带，下体亦白色；雌鸭体型稍小，上体黑褐色，下体胸腹部白色，头和颈褐色，颊无白斑，颈基有污白色圆环，翅上有三道白斑。

【地理分布】 白狼林业局、额尔古纳市。

鹊鸭 *Bucephala clangula* （齐志敏摄 白狼林业局洮儿河林场）

29 普通秋沙鸭

Mergus merganser

世界自然保护联盟（IUCN）评估为低度关注（LC）《中国脊椎动物红色名录》评估为无危（LC） 中国“三有”动物

【别名】 大尖嘴鸭子。

【英文名】 Goosander.

【识别特征】 嘴细而尖，粉红色。雄鸟头、上颈和羽冠黑色。下颈、胸部和腹部白色，上、下颈间的黑白两色界限分明。翅上覆羽和翼镜为大片白色，其余上体黑色。雌鸟头、上颈和羽冠棕褐色，下颏和前胸白色。背淡黑灰色。上、下颈间的棕褐色与白色亦界限分明。

【地理分布】 牙克石市、巴林林业局、免渡河林业局、五岔沟林业局、额尔古纳市、柴河林业局、科尔沁右翼前旗。

普通秋沙鸭 *Mergus merganser* 雌性 （方海涛摄 柴河林业局）

30 小鸊鷉

Tachybaptus ruficollis

世界自然保护联盟（IUCN）评估为低度关注（LC）《中国脊椎动物红色名录》评估为无危（LC） 中国“三有”动物

【别名】 小艄板儿、水葫芦、王八鸭子。

【英文名】 Little Grebe.

【识别特征】 繁殖期时，额、头顶、枕部及后颈黑色，眼先、颊、颏和上喉黑褐色，耳羽、颈侧至下喉红栗色，后胸和腹部银白色，嘴黑色，嘴角具一大型黄斑。非繁殖季节，背部褐色，喉白色，颊、颈侧淡黄色。

【地理分布】 科尔沁右翼中旗、巴林右旗。

小鸊鷉 *Tachybaptus ruficollis* （冯桂林摄 科尔沁右翼中旗）

31 凤头䴙䴘

Podiceps cristatus

世界自然保护联盟（IUCN）评估为低度关注（LC）《中国脊椎动物红色名录》评估为无危（LC） 中国“三有”动物

【别名】浪花儿。

【英文名】Great Crested Crebe.

【识别特征】体形似鸭，颈略长但嘴偏扁，且直而尖。尾羽甚短。游泳时颈直立。繁殖期具明显的羽冠和皱领。上体头部黑色，余部黑褐色。下体大部分银白色。

【地理分布】扎赉特旗、科尔沁右翼前旗、扎兰屯市、柴河林业局。

凤头䴙䴘 *Podiceps cristatus* （方海涛摄 柴河林业局）

32 岩鸽

Columba rupestris

世界自然保护联盟（IUCN）评估为低度关注（LC）《中国脊椎动物红色名录》评估为无危（LC） 中国“三有”动物

【别名】 野鸽子、山石鸽。

【英文名】 Hill Pigeon.

【识别特征】 体型和羽色极似家鸽，但在下背和近尾端处具有宽阔的白色横斑带。

【地理分布】 莫力达瓦达斡尔族自治旗、扎兰屯市、牙克石市、巴林林业局、免渡河林业局、柴河林业局、阿荣旗、额尔古纳市、白狼林业局、五岔沟林业局、科尔沁右翼中旗、科尔沁右翼前旗、扎赉特旗。

岩鸽 *Columba rupestris* （方海涛摄 五岔沟林业局明水林场）

33 山斑鸠

Streptopelia orientalis

世界自然保护联盟（IUCN）评估为低度关注（LC）《中国脊椎动物红色名录》评估为无危（LC） 中国“三有”动物

【别名】 斑鸠、金背斑鸠、雉鸠。

【英文名】 Rufous Turtle Dove.

【识别特征】 上体以褐色为主，后颈基部两侧杂以蓝灰色的黑斑，远看好像有五条黑纹。下背及腰羽蓝灰色。尾羽褐色，有显著的灰色羽端。嘴铅蓝色，脚近红色。

【地理分布】 扎赉特旗、科尔沁右翼前旗、突泉县、科尔沁右翼中旗、莫力达瓦达斡尔族自治旗、阿荣旗、扎兰屯市、南木林业局、巴林林业局、免渡河林业局、乌奴耳林业局、柴河林业局、额尔古纳市、牙克石市、白狼林业局、五岔沟林业局、扎鲁特旗。

山斑鸠 *Streptopelia orientalis* （王宏喜摄 巴林林业局博克图林场）

34 灰斑鸠

Streptopelia decaocto

世界自然保护联盟（IUCN）评估为低度关注（LC）《中国脊椎动物红色名录》评估为无危（LC） 中国“三有”动物

【别名】 领斑鸠、野楼楼。

【英文名】 Collared Turtle Dove.

【识别特征】 体型较家鸽稍小，体羽大都淡灰色，翼覆羽淡蓝色，胸部缀紫粉红色，后颈具半月状黑色领环。

【地理分布】 扎赉特旗、科尔沁右翼前旗、科尔沁右翼中旗、扎鲁特旗、莫力达瓦达斡尔族自治旗、扎兰屯市、南木林业局、阿荣旗、五岔沟林业局。

灰斑鸠 *Streptopelia decaocto* （方海涛摄 五岔沟林业局明水林场）

35 毛腿沙鸡

Syrrhaptes paradoxus

世界自然保护联盟（IUCN）评估为低度关注（LC）《中国脊椎动物红色名录》评估为无危（LC） 中国“三有”动物

【别名】 沙鸡。

【英文名】 Pallas's Sandgrouse.

【识别特征】 体羽大都沙棕色。背部密杂黑色横斑。腹部有一大块黑斑。翅尖长。中央一对尾羽特别延长。腿短，仅具三趾。雌鸟与雄鸟相似，但背部的黑斑较狭短；翼上小覆羽和中覆羽均缀以较密的黑色圆点。

【地理分布】 扎兰屯市、鄂温克族自治旗、扎赉特旗。

毛腿沙鸡 *Syrrhaptes paradoxus* （张晓东摄 扎兰屯市）

36 普通夜鹰

Caprimulgus indicus

世界自然保护联盟（IUCN）评估为低度关注（LC） 《中国脊椎动物红色名录》评估为无危（LC） 中国“三有”动物

【别名】 蚊母鸟、贴树皮、瞎簸箕（北方名）。

【英文名】 Jungle Nightjar.

【识别特征】 通体呈黑、灰和棕褐色斑杂状。喉具白斑。雄鸟初级飞羽内羽片的中段具白斑，外侧尾羽具次端白斑。晨昏活动，飞行时常发出“哒、哒、哒”的鸣叫声。

【地理分布】 扎兰屯市、鄂温克族自治旗、扎赉特旗、克什克腾旗、巴林右旗、阿鲁科尔沁旗。

普通夜鹰 *Caprimulgus indicus* 雌性 （方海涛摄 扎兰屯市）

37 大杜鹃

Cuculus canorus

世界自然保护联盟（IUCN）评估为低度关注（LC）《中国脊椎动物红色名录》评估为无危（LC） 中国“三有”动物

【别名】 布谷鸟。

【英文名】 Common Cuckoo.

【识别特征】 雌雄同色，上体及颏喉至胸部暗灰色。腹部及两胁白色，密布 1 ～ 2 毫米宽的狭形横斑。尾无近端黑斑。翅缘白，具褐色细横斑。嘴黑褐色，嘴端近黑色，下嘴基本黄色。脚、爪黄色。

【地理分布】 科尔沁右翼中旗、莫力达瓦达斡尔族自治旗、免渡河林业局、五岔沟林业局、额尔古纳市、红花尔基林业局、巴林右旗。

大杜鹃 *Cuculus canorus* （方海涛摄 额尔古纳市湿地保护区）

38 小田鸡

Zapornia pusilla

世界自然保护联盟（IUCN）评估为低度关注（LC） 《中国脊椎动物红色名录》评估为无危（LC） 中国“三有”动物

【别名】 田鸡子。

【英文名】 Baillon’s Crake.

【识别特征】 雄性眼红色，有褐色过眼线，腹部有黑白横斑，背部白斑明显。嘴暗绿，脚黄绿色。背部橄榄褐色，有黑、白两色斑点。颊、喉、前颈至胸部灰色，腹、两胁及尾下覆羽黑色、具白色横斑。雌性似雄性，但喉白色，下体羽色较淡。

【地理分布】 鄂伦春自治旗、鄂温克族自治旗、牙克石市。

小田鸡 *Zapornia pusilla* （冯桂林摄 牙克石市博克图镇）

39 灰鹤

Grus monacha

国家Ⅱ级重点保护野生动物　世界自然保护联盟（IUCN）评估为低度关注（LC）《中国脊椎动物红色名录》评估为近危（NT）

【别名】 玄鹤。

【英文名】 Common Crane.

【识别特征】 全身羽毛大都灰色，头顶裸出部分鲜红色，两颊及颈侧灰白色。喉、前颈和后颈灰褐色。飞羽黑色，三级飞羽灰色，先端延长弯曲呈弓状，黑色。嘴青灰色，脚灰褐色。

【地理分布】 扎赉特旗。

灰鹤 *Grus monacha* （方海涛摄 扎赉特旗图牧吉国家级自然保护区）

40 丹顶鹤

Grus japonensis

国家Ⅰ级重点保护野生动物 世界自然保护联盟（IUCN）评估为濒危（EN）《中国脊椎动物红色名录》评估为濒危（EN）

【别名】 仙鹤。

【英文名】 Red-crowned Crane.

【识别特征】 全身大部分为白色，头顶裸露皮肤鲜红色。前额、眼先、喉和颈黑色。次级和三级飞羽黑色。眼黄绿色，脚灰黑色。

【地理分布】 扎赉特旗。

丹顶鹤 *Grus japonensis* （方海涛摄 扎赉特旗）

41 黑翅长脚鹬

Himantopus himantopus

世界自然保护联盟（IUCN）评估为低度关注（LC）《中国脊椎动物红色名录》评估为无危（LC） 中国“三有”动物

【别名】 长腿娘子。

【英文名】 Black-winged Stilt.

【识别特征】 嘴直而长为黑色。腿细而特长为红色。额白色；雄鸟头顶至后颈、眼周及耳羽灰黑色；上背、肩部和两翅黑色，闪金属光泽；下背和腰白色；下体羽白色。雌鸟背肩部和三级飞羽暗褐色，余部羽色类似雄鸟。

【地理分布】 莫力达瓦达斡尔族自治旗、扎赉特旗、科尔沁右翼前旗、科尔沁右翼中旗、扎鲁特旗。

黑翅长脚鹬 *Himantopus himantopus* （方海涛摄 扎赉特旗）

42 反嘴鹬

Recurvirostra avosetta

世界自然保护联盟（IUCN）评估为低度关注（LC）《中国脊椎动物红色名录》评估为无危（LC） 中国“三有”动物

【别名】 翘嘴娘子。

【英文名】 Avocet.

【识别特征】 嘴黑色，细长而先端向上反曲。雌雄同色，头部额、顶、枕部和眼先黑色；翼尖、翼上及肩部两条带斑黑色；脚亦较长，青灰色；上体白色；尾羽白色，先端略灰色，腹部白色，飞翔时黑色头顶、黑色翅尖以及背肩部、翅上的黑带和远远伸出于尾后的暗色脚与白色的体羽形成鲜明对比。

【地理分布】 科尔沁右翼中旗、扎鲁特旗、巴林右旗。

反嘴鹬 *Recurvirostra avosetta* （何国强摄 巴林右旗）

43 凤头麦鸡

Vanellus vanellus

世界自然保护联盟（IUCN）评估为近危（NT）《中国脊椎动物红色名录》评估为无危（LC）　中国“三有”动物

【别名】 喳啦。

【英文名】 Northern Lapwing.

【识别特征】 头顶后部具反曲的长形黑色羽冠。雄鸟（夏羽）头顶、枕及羽冠黑色而微闪绿色光辉；上体羽灰绿色，下体、颏喉部和前颈白色。上胸具黑色带斑，余部白色；背肩部和腰部暗绿褐色，闪金属灰绿色光泽。雌鸟（夏羽）额、头顶及羽冠羽色较雄鸟浅，呈黑褐色，羽端沾棕；颏喉部及前颈羽亦白色，部分羽毛具白色和黑色次端斑，之间有窄的肉桂色横斑；其余部分羽色与雄鸟相同。

【地理分布】 扎赉特旗、免渡河林业局、乌奴耳林业局、额尔古纳市、科尔沁右翼前旗、科尔沁右翼中旗。

凤头麦鸡 *Vanellus vanellus* （方海涛摄 额尔古纳市）

44 灰头麦鸡

Vanellus cinereus

世界自然保护联盟（IUCN）评估为低度关注（LC）《中国脊椎动物红色名录》评估为无危（LC） 中国“三有”动物

【别名】 海和尚。

【英文名】 Grey-headed Lapwing.

【识别特征】 头、颈及胸部灰色，下胸部具黑褐色横带，上体褐色，腰、尾及腹部白色，翼尖及尾部横斑黑色，脚黄色。翼上小覆羽及内侧次级飞羽与上体同色。胸部下方有黑褐色横带。

【地理分布】 扎兰屯市、五岔沟林业局、莫力达瓦达斡尔族自治旗、阿荣旗、扎赉特旗、扎鲁特旗、科尔沁右翼前旗、科尔沁右翼中旗。

灰头麦鸡 *Vanellus cinereus* （方海涛摄 五岔沟林业局）

45 金眶鸻

Charadrius dubius

世界自然保护联盟（IUCN）评估为低度关注（LC） 《中国脊椎动物红色名录》评估为无危（LC） 中国“三有”动物

【别名】 白领鸻。

【英文名】 Little Ringed Plover.

【识别特征】 眼睑四周金黄色甚显著。前额白色，额部具一宽阔的黑色横带，其后缘白色。颏喉部至后颈具一白色领环。上背和前胸具黑色环，至后颈变窄。非繁殖羽黑色部分变为褐色。幼鸟脸部和胸部染有黄色。

【地理分布】 呼伦贝尔市、扎赉特旗、阿荣旗、五岔沟林业局、科尔沁右翼前旗、科尔沁右翼中旗、扎鲁特旗。

金眶鸻 *Charadrius dubius* （方海涛摄 五岔沟林业局）

46 环颈鸻

Charadrius alexandrinus

世界自然保护联盟（IUCN）评估为低度关注（LC）《中国脊椎动物红色名录》评估为无危（LC）　中国“三有”动物

【别名】 黑领鸻。

【英文名】 Kentish Plover.

【识别特征】 颈部具白色领圈，胸部无黑色横斑带，仅在上胸两侧具黑色或黄褐色斑块。上体淡褐色，下体白色。冬羽胸侧斑块与背同色。翼初级覆羽及大覆羽白色，飞行时，在翼背面形成“V”形带。

【地理分布】 额尔古纳市、科尔沁右翼中旗、巴林左旗乌兰坝国家级自然保护区。

环颈鸻 *Charadrius alexandrinus* （齐志敏摄 科尔沁右翼中旗）

47 黑尾塍鹬

Limosa lapponica

世界自然保护联盟(IUCN)评估为近危(NT)《中国脊椎动物红色名录》评估为无危(LC) 中国"三有"动物

【别名】 黑尾鹬。

【英文名】 Black-tailed Godwit.

【识别特征】 嘴长而直，基部肉色，尖端黑色。脚较长，黑色。夏季：头、颈、胸部栗红色。头和后颈部有黑色细纵斑。背部黑色、白色和红褐色组成斑驳状。腰至尾羽白色，尾羽末端有黑色斑。腹部灰白色，两胁和胸部有黑褐色横斑。冬季：头、颈、胸、背部灰褐色，眉斑白色，背部有暗色轴斑，腹以下白色。

【地理分布】 扎鲁特旗、扎赉特旗。

黑尾塍鹬 *Limosa lapponica* （张波摄 扎鲁特旗）

48 白腰杓鹬

Numenius arquata

国家Ⅱ级重点保护野生动物　世界自然保护联盟（IUCN）评估为近危（NT）《中国脊椎动物红色名录》评估为近危（NT）　中国“三有”动物　内蒙古自治区重点保护陆生野生动物

【别名】 大油拉罐子。

【英文名】 Eurasian Curlew.

【识别特征】 具有特别长而向下弯曲的嘴，颜色黑褐色，下嘴基部肉色。脚青灰色。上体淡褐色，有黑褐色纵斑。腰至尾羽白色，尾羽有灰褐色横斑，飞行时腰部大白斑明显。颊、颈、胸淡黄褐色，有细的黑褐色纵纹。

【地理分布】 呼伦贝尔市、五岔沟林业局、莫力达瓦达斡尔族自治旗、扎赉特旗、科尔沁右翼前旗、科尔沁右翼中旗、扎鲁特旗。

白腰杓鹬 *Numenius arquata* （冯桂林摄　五岔沟林业局）

49 红脚鹬

Tringa totanus

世界自然保护联盟（IUCN）评估为低度关注（LC）《中国脊椎动物红色名录》评估为无危（LC） 中国“三有”动物

【别名】 赤足鹬。

【英文名】 Common Redshank.

【识别特征】 夏季：嘴和脚橙红色，嘴尖黑色。上体锈褐色，有黑褐色羽轴斑。下体白色，颊至胸有黑褐色纵纹，胁部有黑褐色横斑。

【地理分布】 科尔沁右翼中旗、扎鲁特旗、额尔古纳市、巴林左旗乌兰坝国家级自然保护区。

红脚鹬 *Tringa tetanus* （方海涛摄 额尔古纳市）

50 白腰草鹬

Tringa ochropus

世界自然保护联盟（IUCN）评估为低度关注（LC）《中国脊椎动物红色名录》评估为无危（LC） 中国“三有”动物

【别名】 水鸡子。

【英文名】 Green Sandpiper.

【识别特征】 腰和尾上覆羽白色，尾具黑色横斑。下体白色，胸具黑褐色纵纹。眼周白色，与白色眉纹相连。非繁殖季节上体羽色较暗，胸部纵纹不明显，为淡褐色。眉纹短，仅限于眼前，上体羽色较暗，翅下近黑色，脚为灰褐色。

【地理分布】 阿尔山林业局、白狼林业局、五岔沟林业局、免渡河林业局、额尔古纳市、阿鲁科尔沁旗。

白腰草鹬 *Tringa ochropus* （齐志敏摄 免渡河林业局三根河林场）

51 矶鹬

Actitis hypoleucos

世界自然保护联盟（IUCN）评估为低度关注（LC） 《中国脊椎动物红色名录》评估为无危（LC） 中国“三有”动物

【别名】 普通鹬。

【英文名】 Common Sandpiper.

【识别特征】 脚黄褐色，眉白色，有白眼圈。头和上体灰褐色，有黑褐色斑纹。下体白色，上胸有细的黑色纵斑。肩部具标志性白色条带。

【地理分布】 莫力达瓦达斡尔族自治旗、免渡河林业局、科尔沁右翼中旗、科尔沁右翼前旗、额尔古纳市。

矶鹬 *Actitis hypoleucos* （方海涛摄 科尔沁右翼前旗乌兰河自治区级自然保护区）

52 普通燕鸻

Glareola maldivarum

世界自然保护联盟（IUCN）评估为低度关注（LC） 《中国脊椎动物红色名录》评估为无危（LC） 中国“三有”动物

【别名】 土燕子。

【英文名】 Eastern Collared Pratincole.

【识别特征】 上体羽灰褐色沾棕色。尾上覆羽白色。下体羽颌喉部棕白色，并有一黑环围绕。下胸棕色，腹部白色。翅尖长。尾分叉，飞时似燕。

【地理分布】 扎赉特旗、科尔沁右翼前旗、科尔沁右翼中旗、扎鲁特旗、阿鲁科尔沁旗。

普通燕鸻 *Glareola maldivarum* （方海涛摄 科尔沁右翼前旗）

53 棕头鸥

Chroicocephalus brunnicephalus

世界自然保护联盟（IUCN）评估为低度关注（LC） 《中国脊椎动物红色名录》评估为无危（LC） 中国“三有”动物

【别名】 海鸥。

【英文名】 Brown–headed Gull.

【识别特征】 繁殖羽头颈部棕褐色，额较浅淡，颈部暗浓近黑色，形成近黑色“领圈”。眼周裸皮暗红色，裸皮后具半月形白斑，中间断开，飞翔时可见黑色翼尖镶嵌白斑。

【地理分布】 呼伦贝尔市、牙克石市、科尔沁右翼前旗。

棕头鸥 *Chroicocephalus brunnicephalus* （方海涛摄 科尔沁右翼前旗）

54 红嘴鸥
Chroicocephalus ridibundus

世界自然保护联盟（IUCN）评估为低度关注（LC）《中国脊椎动物红色名录》评估为无危（LC） 中国“三有”动物

【别名】 笑鸥、海鸥、钓鱼郎。

【英文名】 Black-headed Gull.

【识别特征】 繁殖羽头黑褐色，眼后具白色细眼圈，眼前方无白色，初级飞羽仅尖端黑色，翼前缘白色明显。

【地理分布】 扎赉特旗、额尔古纳市、扎兰屯市。

红嘴鸥 *Chroicocephalus ridibundus* （方海涛摄 扎兰屯市）

55 普通燕鸥

Chlidonias leucopterus

世界自然保护联盟（IUCN）评估为低度关注（LC） 《中国脊椎动物红色名录》评估为无危（LC） 中国“三有”动物

【别名】 长翅海燕、捞鱼蝶。

【英文名】 Common Tern.

【识别特征】 头上部和后颈黑色，背肩部和翼上覆羽灰色，腰和尾上覆羽白色。下体羽白色，微沾葡萄灰。非繁殖期额白色，头顶具有黑白相杂的条纹。

【地理分布】 扎赉特旗、牙克石市、科尔沁右翼前旗、扎鲁特旗、巴林左旗。

普通燕鸥 *Chlidonias leucopterus* （齐志敏摄 牙克石市）

56 普通鸬鹚
phalacrocorax carbo

世界自然保护联盟（IUCN）评估为低度关注（LC）《中国脊椎动物红色名录》评估为无危（LC） 中国“三有”动物

【别名】 鱼鹰。

【英文名】 Great Cormorant.

【识别特征】 通体黑色，虹膜蓝色，嘴大部分黑色，下嘴基裸皮黄色。繁殖期嘴角和喉囊黄绿色，脸颊及喉白色；头、颈具紫绿色金属光泽，有白色丝状羽；两胁具白斑。脚黑色。飞行时头颈前伸，脚后伸，常成群蹲在苇箔上或浅水中的苇墩上。

【地理分布】 扎兰屯市、牙克石市、柴河林业局。

普通鸬鹚 *phalacrocorax carbo* （方海涛摄 柴河林业局卧牛泡子）

57 白琵鹭

Platalea leucorodia

国家Ⅱ级重点保护野生动物　世界自然保护联盟（IUCN）评估为低度关注（LC）　《中国脊椎动物红色名录》评估为近危（NT）

【别名】 划拉。

【英文名】 White Spoonbill.

【识别特征】 嘴型直二平扁，先端扩大成匙状。全身白色，繁殖羽具羽冠。飞行时嘴、颈向前伸，两腿伸向体后成一直线。

【地理分布】 扎赉特旗、扎鲁特旗、巴林左旗。

白琵鹭 *Platalea leucorodia* （方海涛摄 巴林左旗乌兰坝国家级自然保护区）

58 苍鹭

Ardae cinerea

世界自然保护联盟（IUCN）评估为低度关注（LC）《中国脊椎动物红色名录》评估为无危（LC） 中国“三有”动物

【别名】 青庄、灰鹭。

【英文名】 Grey Heron.

【识别特征】 头和颈部为白色，羽冠黑色，上体余部灰色，下体白色，前颈下部具有黑色纵纹。飞行时颈部缩成“S”形，站立时颈部多缩曲。

【地理分布】 扎赉特旗、莫力达瓦达斡尔族自治旗、阿荣旗、乌奴耳林业局、额尔古纳市、牙克石市、鄂温克族自治旗、五岔沟林业局、科尔沁右翼前旗、科尔沁右翼中旗。

苍鹭 *Ardae cinerea* （方海涛摄 科尔沁右翼前旗乌兰河自治区级自然保护区）

59 草鹭

Ardea purpurea

世界自然保护联盟（IUCN）评估为低度关注（LC）《中国脊椎动物红色名录》评估为无危（LC） 中国“三有”动物

【别名】 黄庄。

【英文名】 Purple Heron.

【识别特征】 额、头顶、枕部蓝黑色，枕部着生两条灰黑色长羽，悬垂脑后（繁殖过后，此两条长羽脱落）。颈棕栗色，具 3 条蓝黑色纵纹。颏、喉白色，头、颈余部棕栗色，自两侧嘴裂处各有一条蓝黑色纵纹，向后经颊至枕部成一条同色纵纹，延伸至前胸。背、腰、尾上覆羽及尾羽暗灰褐色，上体大都暗灰褐色。胸、腹中央蓝黑色，两侧棕栗色。

【地理分布】 科尔沁右翼中旗。

草鹭 *Ardea purpurea* （方海涛摄 科尔沁右翼中旗）

60 鹗

Pandion haliaetus

国家Ⅱ级重点保护野生动物　世界自然保护联盟（IUCN）评估为低度关注（LC）《中国脊椎动物红色名录》评估为近危（NT）

【别名】 鱼雕。

【英文名】 Osprey.

【识别特征】 虹膜黄色，喙黑色，蜡膜灰色。头部白色羽冠不明显，过眼线黑褐色呈带状，一直延伸到颈侧。上体暗黑色，喉至下体白色。裸露跗跖及脚灰色。

【地理分布】 扎赉特旗。

鹗 *Pandion haliaetus* （吴元和摄 扎赉特旗图牧吉国家级自然保护区）

61 凤头蜂鹰

Pernis ptilorhynchus

国家Ⅱ级重点保护野生动物　世界自然保护联盟（IUCN）评估为低度关注（LC）《中国脊椎动物红色名录》评估为近危（NT）

【别名】 蜜鹰。

【英文名】 Oriental Honey-buzzard.

【识别特征】 头似鸠鸽，具羽冠，羽冠具点斑，眼先被短而圆的鳞状羽。上体暗黑色。尾圆，暗褐色，具多条银灰色横斑。

【地理分布】 阿荣旗、扎兰屯市、五岔沟林业局、阿尔山林业局、巴林左旗。

凤头蜂鹰 *Pernis ptilorhynchus* （冯桂林摄 五岔沟林业局明水林场）

62 秃鹫

Aegypius monachus

国家Ⅰ级重点保护野生动物　世界自然保护联盟（IUCN）评估为近危（NT）《中国脊椎动物红色名录》评估为近危（NT）

【别名】 座山雕。

【英文名】 Eurasian Griffon.

【识别特征】 野外观察时可见全身黑色，颈部皮肤裸出，颈基皱领大而蓬松，翅宽大，嘴粗大，尾短呈楔形。

【地理分布】 柴河林业局。

秃鹫 *Aegypius monachus* （方海涛摄 柴河林业局蛤蟆沟林场）

63 草原雕

Aquila nipalensis

国家Ⅰ级重点保护野生动物　世界自然保护联盟（IUCN）评估为濒危（EN）《中国脊椎动物红色名录》评估为易危（VU）

【别名】 大花雕。

【英文名】 Steppe Eagle.

【识别特征】 大型猛禽。虹膜浅褐色，嘴灰色，蜡膜黄色，嘴裂过眼。体色变化大，以褐色为主，深浅不一，上体褐色，头顶较暗浓。幼鸟及亚成体次级飞翔、大覆羽及尾羽具宽的棕色端斑，在翅背面形成二条宽带。尾上覆羽大多棕白色。

【地理分布】 呼伦贝尔市、巴林林业局、免渡河林业局、乌奴耳林业局鄂温克族自治旗、柴河林业局。

草原雕 *Aquila nipalensis* （方海涛摄 柴河林业局蛤蟆沟林场）

64 金雕

Aquila chrysaetos

国家Ⅰ级重点保护野生动物　世界自然保护联盟（IUCN）评估为低度关注（LC）《中国脊椎动物红色名录》评估为易危（VU）

【别名】 红头雕。

【英文名】 Golden Eagle.

【识别特征】 体型大，成鸟翅及尾羽污白色，头顶至后颈羽金黄色，具金黄色矛状羽端和纤细褐色羽干纹；上体暗褐色，外侧初级飞羽黑褐色；背和两翅的表面暗棕褐色，尾羽褐色，幼鸟尾羽白色，先端黑褐色。

【地理分布】 柴河林业局、五岔沟林业局。

金雕 *Aquila chrysaetos* （方海涛摄 柴河林业局）

65 苍鹰

Accipiter gentilis

国家Ⅱ级重点保护野生动物　世界自然保护联盟（IUCN）评估为低度关注（LC）《中国脊椎动物红色名录》评估为近危（NT）

【别名】 兔鹰。

【英文名】 Northern Goshawk.

【识别特征】 体型中等。成鸟上体灰褐色，胸腹部密布褐色横斑，白色眉纹显著。飞行时，腹面观，两翼宽、翼下白色、密布黑褐色横带。

【地理分布】 扎赉特旗、额尔古纳市、新巴尔虎左旗、五岔沟林业局、科尔沁右翼前旗。

苍鹰 *Accipiter gentilis* （方海涛摄 科尔沁右翼前旗乌兰河自治区级自然保护区）

66 白尾鹞

Circus cyaneus

国家Ⅱ级重点保护野生动物 世界自然保护联盟（IUCN）评估为低度关注（LC）《中国脊椎动物红色名录》评估为近危（NT）

【别名】 蜜鹰。

【英文名】 Hen Harrier.

【识别特征】 雄性成鸟上体灰色沾褐色，眼周灰白色，上后方杂有褐纹，眼先具极密的黑色刚毛，向上斜伸盖住鼻孔，并在蜡膜上方交叉成“脊”腹部、两胁及覆羽均白色；雌性成鸟上体棕褐色，下体棕白色，杂以深褐色纵纹；头顶、颈项及上背棕黑色，具黄褐色羽缘；颊部及耳羽褐色，羽枝松散；眼先后部黑色，前部灰色，上有黑色刚毛，也在蜡膜上方交叉成“脊”；胸腹部羽毛棕色，具深褐色纵纹；腹部色渐变浅，褐纹稍细；腰羽白色，缀稀疏细小的羽干点斑。

【地理分布】 扎赉特旗、额尔古纳市、阿荣旗、科尔沁右翼中旗、巴林左旗。

白尾鹞 *Circus cyaneus* （马颖伟摄 科尔沁右翼中旗）

67 黑鸢

Pernis ptilorhynchus

国家Ⅱ级重点保护野生动物 世界自然保护联盟（IUCN）评估为低度关注（LC） 《中国脊椎动物红色名录》评估为无危（LC）

【别名】 老鹰。

【英文名】 Black Kite.

【识别特征】 全身暗褐色，缀棕黄色彩。展翅翱翔时左右翅下可见大型白斑。尾呈叉状。

【地理分布】 莫力达瓦达斡尔族自治旗、柴河林业局、五岔沟林业局、额尔古纳市、牙克石市、扎鲁特旗、巴林左旗。

黑鸢 *Pernis ptilorhynchus* （方海涛摄 柴河林业局韭菜沟林场）

68 大鵟

Buteo hemilasius

国家Ⅱ级重点保护野生动物　世界自然保护联盟（IUCN）评估为低度关注（LC）《中国脊椎动物红色名录》评估为易危（VU）

【别名】 花豹。

【英文名】 Upland Buzzard.

【识别特征】 体型较大的猛禽，下体羽近白色，具棕褐斑纹，腹部两侧近黑色。飞翔时，翼初级飞羽处见有大型白斑。羽色变化很大，有暗型、中间型和淡型。

【地理分布】 扎兰屯市、巴林林业局、免渡河林业局、柴河林业局、鄂温克族自治旗、南木林业局、乌奴耳林业局、额尔古纳市、红花尔基林业局、五岔沟林业局、科尔沁右翼前旗、扎鲁特旗。

大鵟 *Buteo hemilasius* （吴元和摄 科尔沁右翼前旗）

69 普通鵟

Buteo aponicus

国家Ⅱ级重点保护野生动物 世界自然保护联盟（IUCN）评估为低度关注（LC）《中国脊椎动物红色名录》评估为无危（LC）

【别名】鸡母鹞。

【英文名】Eastern Buzzard.

【识别特征】中等猛禽。羽色变异大，上体暗褐色，下体较淡，具有大型斑点，尾较短，展开成扇形。嘴黑色，跗跖淡棕色。羽色变异大，有黑型、棕型及中间型三类。

【地理分布】莫力达瓦达斡尔族自治旗、阿荣旗、扎兰屯市、牙克石市、巴林林业局、免渡河林业局、乌奴耳林业局、柴河林业局、额尔古纳市、鄂温克族自治旗、红花尔基林业局、阿尔山林业局、五岔沟林业局、扎赉特旗、科尔沁右翼前旗。

普通鵟 *Buteo aponicus* （齐志敏摄 五岔沟林业局）

70 雕鸮

Bubo bubo

国家Ⅱ级重点保护野生动物　世界自然保护联盟（IUCN）评估为低度关注（LC）《中国脊椎动物红色名录》评估为近危（NT）

【别名】 恨狐、杏狐。

【英文名】 Eurasian Eagle-owl.

【识别特征】 体型大，翅长达450毫米。耳羽发达，长达50毫米。体羽大都棕色，密布浅黑色横斑。颏白色。喉除皱领外亦白色。

【地理分布】莫力达瓦达斡尔族自治旗、扎兰屯市、柴河林业局、阿荣旗、牙克石市、免渡河林场、额尔古纳市、科尔沁右翼前旗、五岔沟林业局。

雕鸮 *Bubo bubo* （王强摄 阿荣旗阿力格亚林场库提沟）

71 纵纹腹小鸮

Athene noctua

国家Ⅱ级重点保护野生动物 世界自然保护联盟（IUCN）评估为低度关注（LC） 《中国脊椎动物红色名录》评估为无危（LC）

【别名】 小鸮。

【英文名】 Little Owl.

【识别特征】 头扁而小，有淡色眉纹。上体红褐色，头顶有小白斑，两眼之间及其上下为白色。背部有较大白斑，颈领白色，肩部有两条白斑。下体淡褐色，有红褐色纵纹。初级飞羽有皮黄色斑，尾羽黑色有 3 ～ 4 条淡色斑。跗跖及爪密布白色羽毛。耳簇羽不明显。

【地理分布】 莫力达瓦达斡尔族自治旗、阿荣旗、扎兰屯市、巴林林业局、五岔沟林业局、扎赉特旗、科尔沁右翼前旗、科尔沁右翼中旗、阿鲁科尔沁旗、扎鲁特旗、巴林右旗、巴林左旗。

纵纹腹小鸮 *Athene noctua* （达赖摄 阿鲁科尔沁旗赛罕塔拉苏木）

72 长尾林鸮

Strix uralensis

国家Ⅱ级重点保护野生动物　世界自然保护联盟（IUCN）评估为低度关注（LC）《中国脊椎动物红色名录》评估为近危（NT）

【别名】 夜猫子。

【英文名】 Ural Owl.

【识别特征】 虹膜褐色，眼部暗色，眉偏白，嘴橘黄色，面盘呈灰色，无耳羽。上体深褐色具近黑色纵纹和棕红色及白色的点斑，两翼及尾具横斑，下体皮黄色具深褐色粗大纵纹。

【地理分布】 牙克石市。

长尾林鸮 *Strix uralensis* （方海涛摄 牙克石市）

73 乌林鸮

Strix nebulosa

国家Ⅱ级重点保护野生动物 世界自然保护联盟（IUCN）评估为低度关注（LC）《中国脊椎动物红色名录》评估为近危（NT）

【别名】 大脸猫。

【英文名】 Great Grey Owl.

【识别特征】 虹膜黄色，嘴黄色，大体灰色，无耳羽，面盘具特征性深浅同心圆，眼鲜黄色，眼间有对称的“C”形白色纹饰，脚橘黄色。

【地理分布】 牙克石市、阿荣旗、巴林林业局、免渡河林业局。

乌林鸮 *Strix nebulosa* （王强摄 阿荣旗库伦沟林场）

74 猛鸮

Surnia ulula

国家Ⅱ级重点保护野生动物　世界自然保护联盟（IUCN）评估为低度关注（LC）《中国脊椎动物红色名录》评估为近危（NT）

【别名】 大脸猫。

【英文名】 Hawk Owl.

【识别特征】 头小，灰白色，没有耳簇羽。眼黄色，脸颊灰白色，额部具白色斑点。眼及脸颊四周有白色羽毛围绕，后缘黑色，有白色胸环。上体灰褐色，有白色斑纹，下体白色密布褐色细横纹，两翼较短。尾部长楔尾，有数条白色横带及末端斑。

【地理分布】 根河市。

猛鸮 *Surnia ulula* （冯桂林摄 根河市）

75 长耳鸮

Asio otus

国家Ⅱ级重点保护野生动物 世界自然保护联盟（IUCN）评估为低度关注（LC）《中国脊椎动物红色名录》评估为无危（LC）

【别名】 长耳猫头鹰。

【英文名】 Long–eared Owl.

【识别特征】 体羽棕黄色，杂以黑褐色斑纹，腹部纵纹有横枝。具长而显著的耳簇羽。

【地理分布】 五岔沟林业局、扎赉特旗、莫力达瓦达斡尔族自治旗。

长耳鸮 *Asio otus* （吴元和摄 扎赉特旗图牧吉国家级自然保护区）

76 短耳鸮

Asio flammeus

国家Ⅱ级重点保护野生动物 世界自然保护联盟（IUCN）评估为低度关注（LC）《中国脊椎动物红色名录》评估为近危（NT）

【别名】 短耳猫头鹰。

【英文名】 Short-eared Owl.

【识别特征】 耳羽短，眼黄色，眼周黑色，脸盘皮黄白色。上体黄褐色，有黑褐色纵斑，下体皮黄色，有黑色纵纹，初级飞羽基部有橘黄色块斑。

【地理分布】 柴河林业局、扎兰屯市。

短耳鸮 *Asio flammeus* （冯桂林摄 扎兰屯市）

77 戴胜

Upupa epops

世界自然保护联盟（IUCN）评估为低度关注（LC）《中国脊椎动物红色名录》评估为无危（LC） 中国“三有”动物

【别名】 臭姑鸪。

【英文名】 Eurasian Hoopoe.

【识别特征】 嘴长而下曲。头具长羽冠。体羽大部分为深棕色，两翅及尾黑白相间。跗跖短。

【地理分布】 呼伦贝尔市、莫力达瓦达斡尔族自治旗、阿荣旗、扎兰屯市、南木林业局、柴河林业局、免渡河林业局、额尔古纳市、牙克石市、鄂温克族自治旗、白狼林业局、五岔沟林业局、扎赉特旗、扎鲁特旗、科尔沁右翼前旗、科尔沁右翼中旗。

戴胜 *Upupa epops* （齐志敏摄 白狼林业局小莫尔根河林场少林寺管护点）

78 普通翠鸟

Alcedo atthis

世界自然保护联盟（IUCN）评估为低度关注（LC）《中国脊椎动物红色名录》评估为无危（LC） 中国“三有”动物

【别名】 鱼狗。

【英文名】 Common Kingfisher.

【识别特征】 嘴直而长。尾短小。雄性头顶暗蓝绿色，背部翠蓝色，颏喉部白色，胸腹部呈鲜丽的栗红棕色。耳覆羽棕色，耳后有一白斑。雌性似雄性，但羽色较暗淡，头顶呈蓝灰色，背部蓝色较多而绿色较少，胸、腹部棕红色。幼鸟羽色较苍淡，下体羽色沾棕褐，腹中部污白色。

【地理分布】 莫力达瓦达斡尔族自治旗、五岔沟林业局、科尔沁右翼中旗。

普通翠鸟 *Alcedo atthis* （齐志敏摄 五岔沟林业局特门林场）

79 蚁䴕

Jynx torquilla

世界自然保护联盟（IUCN）评估为低度关注（LC） 《中国脊椎动物红色名录》评估为无危（LC） 中国“三有”动物

【别名】 树皮鸟，歪脖。

【英文名】 Eurasian Wryneck.

【识别特征】 雌雄同色。上体大都呈淡银灰色，两翼表面稍沾黄褐色，满杂以黑褐色细纹和粗纹，似树皮和蛇蜕的颜色。

【地理分布】 科尔沁右翼中旗。

蚁䴕 *Jynx torquilla* （冯桂林摄 科尔沁右翼中旗吐列毛杜镇坤都冷嘎查）

80 星头啄木鸟

Dendrocopos canicapillus

世界自然保护联盟（IUCN）评估为低度关注（LC）《中国脊椎动物红色名录》评估为无危（LC） 中国“三有”动物

【别名】 小花头啄木鸟。

【英文名】 Grey-capped Woodpecker.

【识别特征】 额至头顶灰色或铅灰色，具一宽阔的白色眉纹，自眼后延伸至颈侧，形成两块大的白斑。雄鸟在枕部两侧各有一红色斑，上体黑色，下背至腰和两翅呈黑白斑杂状，下体有粗的黑色纵纹。

【地理分布】 克什克腾旗浩来呼热苏木。

星头啄木鸟 *Dendrocopos canicapillus* （何国强摄 克什克腾旗浩来呼热苏木）

81 小斑啄木鸟

Dendrocopos minor

世界自然保护联盟（IUCN）评估为低度关注（LC） 《中国脊椎动物红色名录》评估为无危（LC） 中国“三有”动物

【别名】 啄木倌、小花啄木倌。

【英文名】 Lesser Spotted Woodpecker.

【识别特征】 雄鸟头顶红色，前额至颊淡褐色，眼上有一黑色眉线延伸至后枕与背部相连，黑色颊线延伸至头侧。下背白，杂以黑色斑点。腰、尾上覆羽、中央尾羽黑色。翼上大覆羽黑而具白斑。雌雄体色相似，头顶无红色。

【地理分布】 扎兰屯市、柴河林业局、阿荣旗、五岔沟林业局。

小斑啄木鸟 *Dendrocopos minor* （方海涛摄 扎兰屯市哈多河林场关门山镇湾龙沟）

82 白背啄木鸟
Dendrocopos leucotos

世界自然保护联盟（IUCN）评估为低度关注（LC）《中国脊椎动物红色名录》评估为无危（LC） 中国“三有”动物

【别名】 啄木倌、花啄木倌。

【英文名】 White-backed Woodpecker.

【识别特征】 雄鸟头顶和枕红色，上体黑色，下背白色，腹和两胁有黑色纵纹。雌鸟与雄鸟相似，但头无红色。

【地理分布】 阿荣旗、莫力达瓦达斡尔族自治旗、扎兰屯市、扎赉特旗、免渡河林业局、南木林业局、阿尔山林业局、白狼林业局、五岔沟林业局、乌奴耳林业局、科尔沁右翼前旗。

白背啄木鸟 *Dendrocopos leucotos* （齐志敏摄 乌奴耳林业局牛房山林场）

83 大斑啄木鸟

Dendrocopos major

世界自然保护联盟（IUCN）评估为低度关注（LC） 《中国脊椎动物红色名录》评估为无危（LC） 中国“三有”动物

【别名】 啄木鸟。

【英文名】 Great Spotted Woodpecker.

【识别特征】 体羽主要为黑白色。翅黑色，具一大型白斑。尾下覆羽红色。雄鸟头顶具红斑。

【地理分布】 阿荣旗、南木林业局、巴林林业局、莫力达瓦达斡尔族自治旗、扎赉特旗、牙克石市、额尔古纳市、白狼林业局、科尔沁右翼中旗。

大斑啄木鸟 *Dendrocopos major* （齐志敏摄 南木林业局）

84 三趾啄木鸟
Picoides tridactylus

国家Ⅱ级重点保护野生动物　世界自然保护联盟（IUCN）评估为低度关注（LC）《中国脊椎动物红色名录》评估为无危（LC）　中国“三有”动物　内蒙古自治区重点保护陆生野生动物

【别名】 啄木倌。

【英文名】 Three-toed Woodpecker.

【识别特征】 雄鸟体羽主要为黑色，具有白斑；头顶羽基黑色，其后白色，羽端缀以玉米黄色；后颈靛蓝色；背腰黑色，缀以白斑，下体白色，两胁杂有黑纹；脚仅具 3 趾，雌鸟头顶无黄色。

【地理分布】 阿荣旗、南木林业局、乌奴耳林业局、科尔沁右翼前旗。

三趾啄木鸟 *Picoides tridactylus* （齐志敏摄 乌奴耳林业局玉镇山林场元宝山管护点）

85 黑啄木鸟

Dryocopus martius

国家Ⅱ级重点保护野生动物　世界自然保护联盟（IUCN）评估为低度关注（LC）《中国脊椎动物红色名录》评估为无危（LC）　中国“三有”动物　内蒙古自治区重点保护陆生野生动物

【别名】 黑叨木倌，叨木倌。

【英文名】 Black Woodpecker.

【识别特征】 全身纯黑色，头侧辉亮，飞羽及颏、喉稍沾褐色，雄鸟前额、头顶至枕全为红色；雌鸟仅枕部有红色，其他与雄鸟相似。

【地理分布】 额尔古纳市、扎兰屯市、乌奴耳林业局。

黑啄木鸟 *Dryocopus martius* （王强摄 扎兰屯市南木鄂伦春民族乡瞭望台检查站）

86 灰头绿啄木鸟

Picus canus

世界自然保护联盟（IUCN）评估为低度关注（LC）《中国脊椎动物红色名录》评估为无危（LC） 中国“三有”动物

【别名】 绿啄木鸟。

【英文名】 Grey-faced Woodpecker.

【识别特征】 全身羽毛以绿色为主，头颈灰色，雄鸟头顶前端具红色斑块，眼先黑色；上体羽背部灰绿色；嘴铅灰色，跗跖和趾灰绿色。雌性头顶无大红色斑。

【地理分布】莫力达瓦达斡尔族自治旗、阿荣旗、南木林业局、扎兰屯市、扎赉特旗、柴河林业局、免渡河林场、鄂温克族自治旗、五岔沟林业局、科尔沁右翼前旗、科尔沁右翼中旗。

灰头绿啄木鸟 *Picus canus* （冯桂林摄 莫力达瓦达斡尔族自治旗尼尔基镇民族园）

87 黄爪隼

Falco naumanni

国家Ⅱ级重点保护野生动物 世界自然保护联盟（IUCN）评估为低度关注（LC）《中国脊椎动物红色名录》评估为易危（VU）

【别名】 草原隼。

【英文名】 Lesser Kestrel.

【识别特征】 雄鸟头、颈、次级飞羽和尾上覆羽蓝灰色；背部和翼上覆羽红棕色、初级飞羽黑色。尾羽蓝灰色，具宽阔黑色次端斑，末端白色。体腹面棕黄色、有稀疏黑色细纵纹。雌鸟头和背部棕色，具黑褐色斑点。体腹面棕黄色，有纵纹。尾羽棕色，有数条细横纹及一宽阔黑色次端斑。

【地理分布】 科尔沁右翼前旗、牙克石市、陈巴尔虎旗。

黄爪隼 *Falco naumanni* （张晓东摄 牙克石市）

88 红隼

Falco tinnunculus

国家Ⅱ级重点保护野生动物　世界自然保护联盟（IUCN）评估为低度关注（LC）《中国脊椎动物红色名录》评估为无危（LC）

【别名】 鹞子。

【英文名】 Common Kestrel.

【识别特征】 雄鸟羽色较暗，眼下有黑斑，背及翼覆羽有粗黑斑。雌鸟眼下黑斑较黄爪隼长。

【地理分布】 额尔古纳市、扎赉特旗、莫力达瓦达斡尔族自治旗、阿荣旗、扎兰屯市、牙克石市、巴林林业局、南木林业局、柴河林业局、五岔沟林业局、免渡河林业局、鄂温克族自治旗、科尔沁右翼中旗、科尔沁右翼前旗、扎鲁特旗。

红隼 *Falco tinnunculus* （齐志敏摄 免渡河林业局）

89 红脚隼

Falco amurensis

国家Ⅱ级重点保护野生动物　世界自然保护联盟（IUCN）评估为低度关注（LC）《中国脊椎动物红色名录》评估为近危（NT）

【别名】 楼鹞、青燕子。

【英文名】 Amur Falcon.

【识别特征】 雄性通体石板灰色，翼下腹羽纯白色，腹腿羽及尾下腹羽棕红色；雌性背部似雄性，但稍沾青铜色，下体及翼下覆羽多具斑纹，腹腿羽棕黄色。蜡膜橙红色。

【地理分布】呼伦贝尔市、扎赉特旗、莫力达瓦达斡尔族自治旗、阿荣旗、扎兰屯市、柴河林业局、额尔古纳市、鄂温克族自治旗、五岔沟林业局、白狼林业局、科尔沁右翼前旗、科尔沁右翼中旗。

红脚隼 *Falco amurensis* （何国强摄 五岔沟林业局）

90 燕隼

Falco subbuteo

国家Ⅱ级重点保护野生动物　世界自然保护联盟（IUCN）评估为低度关注（LC）《中国脊椎动物红色名录》评估为无危（LC）

【别名】 青燕子、燕虎。

【英文名】 Eurasian Hobby.

【识别特征】 翼尖长如燕子。头颈和背部蓝黑色，头后有白色领圈。眼上方有一细纹，眼下方有一下垂黑斑。喉乳白色，胸棕黄色，且密布黑褐色粗纵纹，下腹、尾下覆羽和腿羽栗红色。蜡膜黄色。

【地理分布】莫力达瓦达斡尔族自治旗、阿荣旗、扎兰屯市、柴河林业局、扎赉特旗、额尔古纳市、鄂温克族自治旗、扎鲁特旗、科尔沁右翼前旗。

燕隼 *Falco subbuteo* （方海涛摄 柴河林业局）

91 黑枕黄鹂

Oriolus chinensis

世界自然保护联盟（IUCN）评估为低度关注（LC）《中国脊椎动物红色名录》评估为无危（LC） 中国“三有”动物 内蒙古自治区重点保护陆生野生动物

【别名】 黄鹂、黄莺、黄鸟。

【英文名】 Black-naped Oriole.

【识别特征】 通体金黄色，两翅和尾黑色。黑色过眼宽带延伸至后枕，与头枕部黑色带斑相连，形成一条围绕头顶的黑带。

【地理分布】 扎兰屯市。

黑枕黄鹂 *Oriolus chinensis* （冯桂林摄 扎兰屯市）

92 牛头伯劳

Lanius bucephalus

世界自然保护联盟（IUCN）评估为低度关注（LC）《中国脊椎动物红色名录》评估为无危（LC） 中国“三有”动物

【别名】 红头伯劳。

【英文名】 Bull-headed Shrike.

【识别特征】 具黑色贯眼纹及白色眉纹。从额部、头顶至后颈及上背栗棕色，背、腰及尾上覆羽灰色或灰褐色。颏、喉棕白色，其余下体浅棕色或橙色，杂以黑褐色波状横斑。雄性具有白色翅斑。

【地理分布】 牙克石市。

牛头伯劳 *Lanius bucephalus* （冯桂林摄 牙克石市）

93 红尾伯劳

Lanius cristatus

世界自然保护联盟（IUCN）评估为低度关注（LC）《中国脊椎动物红色名录》评估为无危（LC） 中国“三有”动物

【别名】 虎伯劳。

【英文名】 Brown Shrike.

【识别特征】 头顶淡灰色或红棕色，上背及肩羽褐色。贯眼纹宽阔，黑色，眉纹白色。下体近于白色。

【地理分布】 扎赉特旗、莫力达瓦达斡尔族自治旗、阿荣旗、巴林林业局、南木林业局、乌奴耳林业局、柴河林业局、免渡河林业局、绰尔林业局、额尔古纳市、鄂温克族自治旗、红花尔基林业局、阿尔山林业局、白狼林业局、五岔沟林业局、科尔沁右翼前旗、科尔沁右翼中旗、扎鲁特旗。

红尾伯劳 *Lanius cristatus* （张晓东摄 柴河林业局韭菜沟林场）

94 灰伯劳

Lanius excubitor

世界自然保护联盟（IUCN）评估为低度关注（LC）《中国脊椎动物红色名录》评估为无危（LC） 中国“三有”动物

【别名】 虎伯劳。

【英文名】 Great Grey Shrike.

【识别特征】 贯眼纹黑色。上体灰色或灰褐色。中央尾羽黑色，外侧尾羽黑色但具白端。翅黑色，具白色翅斑。下体白色或淡棕白色，伴有黑褐色鳞状纹。

【地理分布】 牙克石市、五岔沟林业局、莫力达瓦达斡尔族自治旗、阿荣旗、扎兰屯市、免渡河林业局、扎赉特旗、科尔沁右翼前旗、科尔沁右翼中旗、扎鲁特旗。

灰伯劳 *Lanius excubitor* （王强摄 科尔沁右翼前旗兴隆林场）

95 楔尾伯劳

Lanius sphenocercus

世界自然保护联盟（IUCN）评估为低度关注（LC）《中国脊椎动物红色名录》评估为无危（LC） 中国“三有”动物

【别名】 长尾灰伯劳。

【英文名】 Chinese Grey Shrike.

【识别特征】 体灰色，嘴、贯眼纹黑色；飞羽基部白色，端部黑色，折叠时在翅上形成横向排列的两道近三角形白色斑，初级覆羽及次级覆羽黑色；尾楔形，中央两对尾羽黑色。

【地理分布】 莫力达瓦达斡尔族自治旗、阿荣旗、扎兰屯市、南木林业局、五岔沟林业局、扎赉特旗、科尔沁右翼前旗、科尔沁右翼中旗。

楔尾伯劳 *Lanius sphenocercus* （冯桂林摄 科尔沁右翼中旗白音胡硕镇西尔根嘎查）

96 松鸦

Garrulus glandarius

世界自然保护联盟（IUCN）评估为低度关注（LC）《中国脊椎动物红色名录》评估为无危（LC）

【别名】 塞皋、屋鸟、山和尚。

【英文名】 Eurasian Jay.

【识别特征】 翅短，尾长，羽毛蓬松呈绒毛状。额和头顶红褐色，口角至喉侧有一粗的黑色颊纹。上体葡萄棕色，尾上覆羽白色，尾和翅黑色，翅上有黑、白、蓝三色相间的横斑，极为醒目。

【地理分布】 柴河林业局、阿荣旗、科尔沁右翼前旗、五岔沟林业局、莫力达瓦达斡尔族自治旗、南木林业局、巴林林业局、扎赉特旗、免渡河林业局、乌奴耳林业局、阿尔山林业局、白狼林业局、额尔古纳市、牙克石市、红花尔基林业局。

松鸦 *Garrulus glandarius* （方海涛摄 柴河林业局柴河林场）

97 灰喜鹊

Cyanopica cyanus

世界自然保护联盟（IUCN）评估为低度关注（LC）《中国脊椎动物红色名录》评估为无危（LC） 中国“三有”动物

【别名】 山喜鹊。

【英文名】 Azure-winged Magpie.

【识别特征】 额至后颈黑色，背灰色，两翅和尾灰蓝色，初级飞羽外翈端部白色。尾长具白色端斑，下体灰白色。外侧尾羽较短不及中央尾羽之半，呈凸状。嘴、脚黑色。

【地理分布】 莫力达瓦达斡尔族自治旗、阿荣旗、扎兰屯市、扎赉特旗、柴河林业局、南木林业局、牙克石市、免渡河林场、额尔古纳市、五岔沟林业局、科尔沁右翼前旗。

灰喜鹊 *Cyanopica cyanus* （方海涛摄 柴河林业局）

98 喜鹊

Pica pica

世界自然保护联盟（IUCN）评估为低度关注（LC）《中国脊椎动物红色名录》评估为无危（LC） 中国“三有”动物

【别名】 普通喜鹊。

【英文名】 Common Magpie.

【识别特征】 头、颈、背至尾均为黑色，且自前往后分别呈现紫色、蓝绿色、绿色等光泽，翅黑色而在翼肩有一大型白斑。尾较长，呈楔形。腹面以胸为界，前黑后白。嘴、跗跖和趾纯黑色。

【地理分布】 扎赉特旗、科尔沁右翼前旗、科尔沁右翼中旗、莫力达瓦达斡尔族自治旗、阿荣旗、扎兰屯市、额尔古纳市、扎鲁特旗。

喜鹊 *Pica pica* （马颖伟摄 科尔沁右翼中旗）

99 红嘴山鸦

Pyrrhocorax pyrrhocorax

世界自然保护联盟（IUCN）评估为低度关注（LC）《中国脊椎动物红色名录》评估为无危（LC）

【别名】 红嘴乌鸦。

【英文名】 Red-billed Chough.

【识别特征】 通体黑色，嘴形细长而向下弯曲并呈朱红色，脚红色，爪黑色。

【地理分布】 五岔沟林业局、科尔沁右翼前旗、科尔沁右翼中旗、扎鲁特旗。

红嘴山鸦 *Pyrrhocorax pyrrhocorax* （齐志敏摄 科尔沁右翼前旗大青山保护区）

100 达乌里寒鸦

Corvus dauuricus

世界自然保护联盟（IUCN）评估为低度关注（LC）《中国脊椎动物红色名录》评估为无危（LC） 中国“三有”动物

【别名】 白脖寒鸦。

【英文名】 Daurian Jackdaw.

【识别特征】 虹膜深褐色，喙黑色。颈圈白色向下延伸至胸、腹部，其余体羽黑色。脚黑色。

【地理分布】 乌兰浩特市、科尔沁右翼前旗、科尔沁右翼中旗、五岔沟林业局、扎赉特旗、扎鲁特旗。

达乌里寒鸦 *Corvus dauuricus*（吴元和摄 科尔沁右翼前旗）

101 秃鼻乌鸦

Corvus frugilegus

世界自然保护联盟（IUCN）评估为低度关注（LC） 《中国脊椎动物红色名录》评估为无危（LC） 中国“三有”动物

【别名】 老鸹。

【英文名】 Rook.

【识别特征】 通体黑色，闪紫绿色金属光泽；嘴棕黑色，上、下嘴基部及前额裸露，覆以灰黄色皮膜。

【地理分布】 扎赉特旗、科尔沁右翼中旗、莫力达瓦达斡尔族自治旗、克什克腾旗、巴林右旗、巴林左旗。

秃鼻乌鸦 *Corvus frugilegus*（冯桂林摄 科尔沁右翼中旗额木庭高勒苏木新发地村）

102 小嘴乌鸦

Corvus corone

世界自然保护联盟（IUCN）评估为低度关注（LC）《中国脊椎动物红色名录》评估为无危（LC）

【别名】 老鸹。

【英文名】 Carrion Crow.

【识别特征】 通体黑色具紫蓝色金属光泽。嘴细较平直，黑色，嘴基部被黑色羽。额不外突。虹膜黑褐色，脚黑色。

【地理分布】 莫力达瓦达斡尔族自治旗、阿荣旗、扎兰屯市、扎赉特旗、额尔古纳市、五岔沟林业局、科尔沁右翼前旗、科尔沁右翼中旗、扎鲁特旗。

小嘴乌鸦 *Corvus corone* （吴元和摄 莫力达瓦达斡尔族自治旗红彦镇三合五村）

103 大嘴乌鸦

Corvus macrorhynchos

世界自然保护联盟（IUCN）评估为低度关注（LC）《中国脊椎动物红色名录》评估为无危（LC）

【别名】 老鸹。

【英文名】 Jungle Crow.

【识别特征】 除头顶、后颈和颈侧之外的其他部分羽毛带蓝色、紫色和绿色的金属光泽，通体黑色。嘴粗大，上喙明显弯曲，峰嵴明显，嘴基有长羽，伸直鼻孔处。额较陡突。尾长，呈楔状。后颈羽毛柔软松散如发状，羽干不明显。嘴、脚黑色。

【地理分布】 科尔沁右翼前旗、阿荣旗、扎兰屯市、南木林业局、巴林林业局、免渡河林业局、莫力达瓦达斡尔族自治旗、扎赉特旗、柴河林业局、额尔古纳市、牙克石市、五岔沟林业局、阿尔山林业局、扎鲁特旗。

大嘴乌鸦 *Corvus macrorhynchos* （张晓东摄 五岔沟林业局）

104 渡鸦

Corvus corax

世界自然保护联盟（IUCN）评估为低度关注（LC）《中国脊椎动物红色名录》评估为无危（LC） 中国“三有”动物

【别名】 渡鸟。

【英文名】 Common Raven.

【识别特征】 通体黑色具紫蓝色金属光泽，鼻鬚长而发达，几乎盖到上嘴的一半。喉与前胸羽毛长而呈锥针状，具金属光泽尾而呈楔形。

【地理分布】 阿荣旗、牙克石市、扎兰屯市、柴河林业局、巴林林业局、额尔古纳市。

渡鸦 *Corvus corax* （冯桂林摄 阿荣旗林业局大时尼奇林场）

105 煤山雀

Periparus ater

世界自然保护联盟（IUCN）评估为低度关注（LC）《中国脊椎动物红色名录》评估为无危（LC） 中国“三有”动物

【别名】 仔仔点。

【英文名】 Coal Tit.

【识别特征】 头顶、颏喉部和颈侧黑色，略带蓝色光泽，有羽冠，颊部和后颈白色。上体蓝灰色，翅上具两道白斑。腹部污白色。尾羽黑褐色。

【地理分布】 阿荣旗、根河市、科尔沁右翼前旗、科尔沁右翼中旗、扎赉特旗。

煤山雀 *Periparus ater* （李存摄 阿荣旗）

106 沼泽山雀
Poecile palustris

世界自然保护联盟（IUCN）评估为低度关注（LC）《中国脊椎动物红色名录》评估为无危（LC） 中国“三有”动物

【别名】 小仔伯。

【英文名】 Marsh Tit.

【识别特征】 前额、头顶至后枕黑色。颏喉部黑色。嘴基、颊和颈侧白色。上体橄榄褐，腰及尾上覆羽较淡且沾黄。胸腹部近白，两胁皮黄。

【地理分布】 阿荣旗、扎赉特旗、柴河林业局、免渡河林业局、莫力达瓦达斡尔族自治旗、扎兰屯市、南木林业局、巴林林业局、五岔沟林业局、科尔沁右翼前旗、鄂温克族自治旗、乌奴耳林业局、阿尔山市。

沼泽山雀 *Poecile palustris* （王强摄 阿荣旗查巴奇林场）

107 褐头山雀

Poecile montanus

世界自然保护联盟（IUCN）评估为低度关注（LC） 《中国脊椎动物红色名录》评估为无危（LC） 中国“三有”动物

【别名】 山雀。

【英文名】 Willow Tit.

【识别特征】 额、头顶、枕巧克力褐色。下体淡棕色。颊及颈侧白色。颏喉部黑色，微沾褐色。

【地理分布】 莫力达瓦达斡尔族自治旗、阿荣旗、牙克石市、南木林业局、巴林林业局、扎兰屯市、柴河林业局、科尔沁右翼前旗、科尔沁右翼中旗、五岔沟林业局、额尔古纳市、红花尔基林业局、阿尔山林业局、扎赉特旗、扎鲁特旗。

褐头山雀 *Poecile montanus* （张晓东摄 柴河林业局）

108 欧亚大山雀

Parus major

世界自然保护联盟（IUCN）评估为低度关注（LC） 《中国脊椎动物红色名录》评估为无危（LC） 中国“三有”动物

【别名】 白脸山雀。

【英文名】 Great Tit.

【识别特征】 头及喉黑色，脸部具大型白斑。上体蓝灰色，翼上具有一条白色翼带，胸腹部白色，中部具有显著的黑色纵带，雌性的纵带较细。

【地理分布】 阿荣旗、南木林业局、扎赉特旗、巴林林业局、莫力达瓦达斡尔族自治旗、扎兰屯市、科尔沁右翼中旗。

欧亚大山雀 *Parus major* （吴元和摄 扎兰屯市中和镇新林村）

109 中华攀雀

Remiz consobrinus

世界自然保护联盟（IUCN）评估为低度关注（LC）《中国脊椎动物红色名录》评估为无危（LC） 中国“三有”动物

【别名】 洋红儿。

【英文名】 Chinese Penduline Tit.

【识别特征】 虹膜褐色，喙灰黑色。顶冠灰色，过眼线黑色，背棕色，尾浅凹形，下体皮黄色，雌鸟及幼鸟似雄鸟但色暗，头顶和眼罩为褐色。脚蓝灰色。

【地理分布】 科尔沁右翼中旗、莫力达瓦达斡尔族自治旗、扎兰屯市、南木林业局。

中华攀雀 *Remiz consobrinus* （齐志敏摄 南木林业局南木林场五道沟管护点）

110 蒙古百灵
Melanocorypha mongolica

国家Ⅱ级重点保护野生动物　世界自然保护联盟（IUCN）评估为低度关注（LC）《中国脊椎动物红色名录》评估为易危（VU）中国“三有”动物　内蒙古自治区重点保护陆生野生动物

【别名】蒙古鹨。

【英文名】Mongolian Lark.

【识别特征】雄鸟：上体栗红色，头顶棕黄色，眼周和眉纹棕白色。下体白色，上胸两侧具显著的黑色块斑。雌鸟：羽色较淡，上胸两侧黑色块斑较小。

【地理分布】扎赉特旗、科尔沁右翼中旗、鄂温克族自治旗、科尔沁右翼前旗。

蒙古百灵 *Melanocorypha mongolica*（李存摄 扎赉特旗）

111 凤头百灵

Galerida cristata

世界自然保护联盟（IUCN）评估为低度关注（LC） 《中国脊椎动物红色名录》评估为无危（LC） 内蒙古自治区重点保护陆生野生动物

【别名】 凤头阿鹨儿。

【英文名】 Crested Lark.

【识别特征】 头顶羽冠长，常竖立成独角状。体沙褐色，褐色纵纹浓郁；嘴细长。与云雀的区别在于侧影显大而羽冠尖，嘴较长且弯，耳羽棕色较少且无白色的后翼缘。

【地理分布】 鄂温克族自治旗、扎赉特旗、科尔沁右翼前旗、科尔沁右翼中旗、扎鲁特旗、巴林左旗。

凤头百灵 *Galerida cristata* （吴元和摄 巴林左旗富河镇横河子）

112 云雀

Alauda arvensis

国家Ⅱ级重点保护野生动物 世界自然保护联盟（IUCN）评估为低度关注（LC） 《中国脊椎动物红色名录》评估为无危（LC） 中国“三有”动物 内蒙古自治区重点保护陆生野生动物

【别名】 百灵。

【英文名】 Eurasian Skylark.

【识别特征】 上体棕色沾褐色，密布黑色羽干纵纹。胸部具有黑褐色羽干纵纹。最外侧一对尾羽白色，内翈基部具一黑褐色楔形斑。羽冠受惊时竖起。

【地理分布】 呼伦贝尔市、额尔古纳市、鄂温克族自治旗、五岔沟林业局、科尔沁右翼前旗、科尔沁右翼中旗、红花尔基林业局、扎鲁特旗。

云雀 *Alauda arvensis* （齐志敏摄 五岔沟林业局）

113 角百灵

Eremophila alpestris

世界自然保护联盟（IUCN）评估为低度关注（LC）《中国脊椎动物红色名录》评估为无危（LC） 中国“三有”动物 内蒙古自治区重点保护陆生野生动物

【别名】 花脸百灵。

【英文名】 Horned Lark.

【识别特征】 雄鸟：前额白色，基后有一黑色横带，横带两端各有黑色长羽形成的羽簇，在头顶两侧成角状。最外侧尾羽白色。下体白色，具黑色胸带。雌鸟：额白色，头顶至后枕黑色，但头顶两侧无黑色角状突。

【地理分布】 阿荣旗、扎赉特旗、额尔古纳市。

角百灵 *Eremophila alpestris* （齐志敏摄 阿荣旗）

114 崖沙燕
Riparia riparia

世界自然保护联盟（IUCN）评估为低度关注（LC）《中国脊椎动物红色名录》评估为无危（LC） 中国“三有”动物

【别名】 土燕子。

【英文名】 Sand Martin.

【识别特征】 上体灰褐色或沙灰色，下体白色，有一道宽的灰褐色胸带，尾下覆羽白色；尾羽不具白斑；尾呈浅叉状，趾跖裸出。

【地理分布】 科尔沁右翼中旗、巴林右旗。

崖沙燕 *Riparia riparia* （齐志敏摄 巴林右旗）

115 家燕

Hirundo rustica

世界自然保护联盟（IUCN）评估为低度关注（LC） 《中国脊椎动物红色名录》评估为无危（LC） 中国“三有”动物

【别名】 燕子。

【英文名】 Barn Swallow.

【识别特征】 上体蓝黑色，闪金属光泽。颏喉部及前胸栗红色。腹部淡棕白色。最外侧 2 枚尾羽特别长。飞行时尾羽平展，外侧尾羽内翈上的白斑互相连成“V”字形。

【地理分布】 扎赉特旗、莫力达瓦达斡尔族自治旗、阿荣旗、扎兰屯市、南木林业局、牙克石市、巴林林业局、乌奴耳林业局、额尔古纳市、五岔沟林业局、科尔沁右翼前旗、科尔沁右翼中旗。

家燕 *Hirundo rustica*（方海涛摄 科尔沁右翼前旗乌兰河自治区级自然保护区）

116 毛脚燕

Delichon urbicum

世界自然保护联盟（IUCN）评估为低度关注（LC）《中国脊椎动物红色名录》评估为无危（LC）

【别名】 白腰燕。

【英文名】 Common House Martin.

【识别特征】 上体蓝黑色，具金属光泽。腰及下体白色。尾呈浅叉状。

【地理分布】 阿荣旗。

毛脚燕 *Delichon urbicum* （吴元和摄 阿荣旗三岔河镇新胜村九组）

117 金腰燕

Cecropis daurica

世界自然保护联盟（IUCN）评估为低度关注（LC）《中国脊椎动物红色名录》评估为无危（LC） 中国“三有”动物

【别名】 赤腰燕。

【英文名】 Red-rumped Swallow.

【识别特征】上体蓝黑色，腰部具栗黄色横带。下体棕白色，具黑色纵纹。

【地理分布】 扎赉特旗、科尔沁右翼前旗、科尔沁右翼中旗、莫力达瓦达斡尔族自治旗、阿荣旗、扎兰屯市、柴河林业局、巴林左旗、五岔沟林业局。

金腰燕 *Cecropis daurica* （方海涛摄 柴河林业局）

118 褐柳莺

Phylloscopus fuscatus

世界自然保护联盟（IUCN）评估为低度关注（LC）《中国脊椎动物红色名录》评估为无危（LC） 中国“三有”动物

【别名】 嘎叭嘴。

【英文名】 Dusky Warbler.

【识别特征】 眉纹前白后棕色，过眼线黑褐色，颊和耳羽沾铜色。体腹面棕白色。上嘴黑褐色，下嘴橙黄色，脚淡褐色。

【地理分布】 五岔沟林业局。

褐柳莺 *Phylloscopus fuscatus* （齐志敏摄 五岔沟林业局）

119 黄腰柳莺

Phylloscopus proregulus

世界自然保护联盟（IUCN）评估为低度关注（LC） 《中国脊椎动物红色名录》评估为无危（LC） 中国“三有”动物

【别名】 柳叶儿。

【英文名】 Pallas's Leaf Warbler.

【识别特征】 上体橄榄绿色。头顶暗橄榄绿色，中央冠纹从额一直延伸至枕部，前端黄，后部白色或黄色。贯眼纹黑色沾绿色。眉纹长，前棕黄色，喉渐变白色，具两道淡黄色绿色翼带。飞羽黑褐色，外翈缘绿黄色。下体颏至颈侧、后颈灰白色。尾下覆羽沾黄色。嘴黑色，下嘴基肉红色。脚淡褐色。

【地理分布】 鄂温克族自治旗、白狼林业局、科尔沁右翼前旗。

黄腰柳莺 *Phylloscopus proregulus* （齐志敏摄 白狼林业局）

120 北长尾山雀

Aegithalos caudatus

世界自然保护联盟（IUCN）评估为低度关注（LC）《中国脊椎动物红色名录》评估为无危（LC） 中国“三有”动物

【别名】 洋红儿。

【英文名】 Long-tailed Tit.

【识别特征】 嘴短而粗厚，尾细长呈凸状，外侧尾羽具楔形白斑。翅短圆，体羽蓬松。

【地理分布】 阿荣旗、牙克石市、扎兰屯市、柴河林业局、扎赉特旗、柴河林业局、五岔沟林业局、额尔古纳市、科尔沁右翼前旗、阿尔山市。

北长尾山雀 *Aegithalos caudatus* （方海涛摄 柴河林业局）

121 欧亚旋木雀

Certhia familiaris

世界自然保护联盟（IUCN）评估为低度关注（LC）《中国脊椎动物红色名录》评估为无危（LC）

【别名】 爬树鸟。

【英文名】 Eurasian Treecreeper.

【识别特征】 嘴细长而下曲，眉纹棕白色向后延伸至枕部。上体棕褐色具白斑纹，飞羽中部具两道淡棕色翼斑，腰和尾上覆羽红棕色，两胁略沾棕色，尾黑褐色。

【地理分布】 乌奴耳林业局、莫力达瓦达斡尔族自治旗、额尔古纳市、五岔沟林业局、扎兰屯市。

欧亚旋木雀 *Certhia familiaris*

（冯桂林摄 莫力达瓦达斡尔族自治旗坤密尔堤办事处五间房村）

122 普通䴓

Sitta europaea

世界自然保护联盟（IUCN）评估为低度关注（LC）《中国脊椎动物红色名录》评估为无危（LC）

【别名】穿树皮。

【英文名】Eurasian Nuthatch.

【识别特征】过眼线黑色，长而显著，从嘴基一直延伸到肩部。上体和尾羽蓝灰色，外侧尾羽中段具白斑。颊、颏和上喉白色。下体淡棕色，两胁淡栗色。

【地理分布】莫力达瓦达斡尔族自治旗、阿荣旗、扎兰屯市、扎赉特旗、巴林林业局、南木林业局、柴河林业局、绰尔林业局、乌奴耳林业局、五岔沟林业局、免渡河林业局、阿尔山林业局、白狼林业局、科尔沁右翼前旗、科尔沁右翼中旗。

普通䴓 *Sitta europaea* （方海涛摄 扎兰屯市关门山乡苇莲河村）

123 山噪鹛

Garrulax davidi

世界自然保护联盟（IUCN）评估为低度关注（LC）《中国脊椎动物红色名录》评估为无危（LC） 中国“三有”动物

【别名】黑老婆。

【英文名】David’s Laughing Thrush.

【识别特征】嘴黄色，尖端略带褐色。头顶暗灰褐色，有暗色羽缘。体背面、翼和尾羽灰褐色，腰和尾上覆羽灰色，尾羽末端暗褐色。眼先灰白，耳羽淡灰褐色。颏黑色，体腹面灰色。

【地理分布】扎赉特旗、扎兰屯市、五岔沟林业局。

山噪鹛 *Garrulax davidi* （李存摄 扎赉特旗额尔吐林场木盖图乌兰管护站）

124 灰椋鸟
Spodiopsar cineraceus

世界自然保护联盟（IUCN）评估为低度关注（LC）《中国脊椎动物红色名录》评估为无危（LC） 中国“三有”动物

【别名】 假画眉。

【英文名】 White-cheeked Starling.

【识别特征】 嘴黄色，尖端黑色。雄鸟头顶至后颈黑色，额和头顶杂有白色，颊和耳覆羽白色具黑色纵纹。上体灰褐色，尾上覆羽白色，下体颏白色，喉、胸、上腹暗灰褐色，腹中部和尾下覆羽白色。雌鸟色淡。

【地理分布】 科尔沁右翼前旗、科尔沁右翼中旗、扎鲁特旗、莫力达瓦达斡尔族自治旗、五岔沟林业局、扎赉特旗。

灰椋鸟 *Spodiopsar cineraceus* （方海涛摄 五岔沟林业局）

125 白眉鸫

Turdus obscurus

世界自然保护联盟（IUCN）评估为低度关注（LC）《中国脊椎动物红色名录》评估为无危（LC）

【别名】 窜鸡。

【英文名】 Eyebrowed Thrush.

【识别特征】 雄鸟：头、颈灰褐色，具长而显著的白色眉纹，眼下有一白斑，上体橄榄褐色，胸和两胁橙黄色，腹和尾下覆羽白色。雌鸟：头、颈及上体褐色，颏纹白色，具褐色颚纹及白色颊纹。其余和雄鸟相似，但羽色稍暗。

【地理分布】 免渡河林业局。

白眉鸫 *Turdus obscurus* （李存摄 免渡河林业局）

126 赤颈鸫

Turdus ruficollis

世界自然保护联盟（IUCN）评估为低度关注（LC）《中国脊椎动物红色名录》评估为无危（LC）

【别名】 红喉窜草鸡。

【英文名】 Red–throated Thrush.

【识别特征】 雄鸟：上体灰褐色，颏、喉、眉纹、颊及胸部红棕色，其余下体灰白色，外侧尾羽为较浅的红棕色。上嘴灰黑色，下嘴浅红棕色。雌鸟：在雄性呈红棕色的部位，色淡，甚至仅为淡红棕色点斑。亚成体似雌鸟。

【地理分布】 乌奴耳林业局、五岔沟林业局。

赤颈鸫 *Turdus ruficollis* （张晓东摄 五岔沟林业局）

127 斑鸫

Turdus eunomus

世界自然保护联盟（IUCN）评估为低度关注（LC） 《中国脊椎动物红色名录》评估为无危（LC） 中国“三有”动物

【英文名】 Dusky Thrush.

【识别特征】 上体从头至尾棕褐色具黑色斑纹，眉纹白色。下体污白色，喉、颈侧白色，具细的黑色颚纹。前胸和胸部密布大型黑色“箭头”状黑斑，组成两条黑色胸带，两带之间斑点小而稀疏，呈浅色横带。两胁箭头状斑较黑色胸带小。两翅和尾黑褐色，翅上大覆羽和内侧飞羽具宽的棕色羽缘。

【地理分布】 扎赉特旗、额尔古纳市。

斑鸫 *Turdus eunomus* （方海涛摄 额尔古纳市）

128 虎斑地鸫

Zoothera aurea

世界自然保护联盟（IUCN）评估为低度关注（LC）《中国脊椎动物红色名录》评估为无危（LC） 中国“三有”动物

【别名】 虎斑山鸫。

【英文名】 White's Thrush.

【识别特征】 体背、腹面分布鳞状斑，背面橄榄褐色，腹面近白色，胸羽沾棕色，翼黑褐色。

【地理分布】 扎鲁特旗。

虎斑地鸫 *Zoothera aurea* （方海涛摄 扎鲁特旗罕山林场）

129 红喉歌鸲

Callipo calliope

国家Ⅱ级重点保护野生动物　世界自然保护联盟（IUCN）评估为低度关注（LC）《中国脊椎动物红色名录》评估为无危（LC）　中国“三有”动物

【别名】红点颏。

【英文名】Siberian Rubythroat.

【识别特征】颏喉部近三角形亮红色，后缘微白，亮红色斑块的外缘具黑色颚纹。眉纹及颊纹白色。雌鸟颏喉部灰白色。

【地理分布】扎兰屯市。

红喉歌鸲 *Callipo calliope*（冯桂林摄　扎兰屯市）

130 红胁蓝尾鸲

Tarsiger cyanurus

世界自然保护联盟（IUCN）评估为低度关注（LC）《中国脊椎动物红色名录》评估为无危（LC） 中国“三有”动物

【别名】 蓝尾巴根子。

【英文名】 Red-flanked Bluetail.

【识别特征】雄鸟：上体灰蓝色，眉纹白色。下体白色，胸侧灰蓝。雌鸟：上体橄榄褐色，尾上覆羽和尾蓝色。下体颏、喉、腹白色，胸沾褐色。

【地理分布】 乌奴耳林业局。

红胁蓝尾鸲 *Tarsiger cyanurus* （齐志敏摄 乌奴耳林业局）

131 北红尾鸲

Phoenicurus auroreus

世界自然保护联盟（IUCN）评估为低度关注（LC） 《中国脊椎动物红色名录》评估为无危（LC） 中国“三有”动物

【别名】 红尾溜。

【英文名】 Daurian Redstart.

【识别特征】 雄鸟：额、头顶至后颈灰白色。眼圈淡黄白色。眼先、头侧、颏、喉、前颈、上背、翅、中央尾羽黑褐色，翼上有白斑，体羽余部红棕色。雌鸟：通体棕褐色至深褐色，翅灰黑色至棕灰色。下体淡棕色。白色翼斑显著。眼圈及尾似雄鸟。

【地理分布】 莫力达瓦达斡尔族自治旗、阿荣旗、扎兰屯市、免渡河林业局、巴林林业局、乌奴耳林业局、科尔沁右翼前旗、科尔沁右翼中旗、五岔沟林业局、额尔古纳市、牙克石市、鄂温克族自治旗、白狼林业局、柴河林业局。

北红尾鸲 *Phoenicurus auroreus* （方海涛摄 柴河林业局韭菜沟林场）

132 黑喉石䳭

Saxicola maurus

世界自然保护联盟（IUCN）评估为未认可（NR）《中国脊椎动物红色名录》评估为无危（LC） 中国“三有”动物

【别名】谷䳭。

【英文名】Siberian Stonechat.

【识别特征】雄性：头、背、翼大覆羽至翼角，尾羽黑色；颈侧白色，延伸至后颈形成颈圈；内侧大中覆羽羽端及羽缘白色，形成一条宽的白色翼带。雌性：棕褐色，头顶至背部黑褐色，具白色纵纹；眉纹、颏、喉污白色，鹦纹黑色，前胸浅棕色。

【地理分布】扎赉特旗、莫力达瓦达斡尔族自治旗、阿荣旗、牙克石市、扎兰屯市、巴林林业局、南木林业局、乌奴耳林业局、免渡河林业局、五岔沟林业局、额尔古纳市、阿尔山林业局、白狼林业局。

黑喉石䳭 *Saxicola maurus* （冯桂林摄 巴林林业局）

133 沙䳭

Oenanthe isabellina

世界自然保护联盟（IUCN）评估为低度关注（LC） 《中国脊椎动物红色名录》评估为无危（LC）

【别名】 黄褐色石栖鸟。

【英文名】 Isabelline Wheatear.

【识别特征】 上体沙褐色，眼先黑色，具白色眉纹，腰和尾上覆羽白色，尾端黑色呈“凸”字形。外侧尾羽基部白色。下体沙灰褐色，胸微缀橙色。雌雄同色，但雄鸟眼先较黑，眉纹及眼圈苍白。

【地理分布】 乌奴耳林业局、额尔古纳市、鄂温克族自治旗、五岔沟林业局、扎赉特旗、科尔沁右翼前旗、科尔沁右翼中旗。

沙䳭 *Oenanthe isabellina* （齐志敏摄 五岔沟林业局）

134 穗䳭

Oenanthe oenanthe

世界自然保护联盟（IUCN）评估为低度关注（LC）《中国脊椎动物红色名录》评估为无危（LC）

【别名】 麦穗。

【英文名】 Common Wheatear.

【识别特征】雄鸟: 眼先至耳羽黑褐色。头顶至腰灰色沾浅棕色。翅黑色，中央尾羽黑色，基部白色，其余尾羽白色，具约1厘米黑色端斑。下体白色。雌鸟：眼先、耳羽、头侧深棕色，上体沙褐色，其他羽色似雄鸟。

【地理分布】 额尔古纳市、五岔沟林业局。

穗䳭 *Oenanthe oenanthe* （齐志敏摄 五岔沟林业局）

135 蓝矶鸫

Monticola solitarius

世界自然保护联盟（IUCN）评估为低度关注（LC）《中国脊椎动物红色名录》评估为无危（LC）

【别名】 亚东蓝石鸫。

【英文名】 Blue Rock Thrush.

【识别特征】雄鸟: 通体蓝色，或仅后胸以后下体橙红色，其余下体蓝色。雌鸟：上体深灰蓝色。背具黑褐色横斑，喉中部白色，其余下体黑褐色，密布白色点状斑。

【地理分布】 南木林业局。

蓝矶鸫 *Monticola solitarius* （吴元和摄 南木林业局）

136 灰纹鹟

Muscicapa griseisticta

世界自然保护联盟（IUCN）评估为低度关注（LC）《中国脊椎动物红色名录》评估为无危（LC） 中国“三有”动物

【别名】 灰斑鹟。

【英文名】 Grey-streaked Flycatcher.

【识别特征】 上体灰褐色，下体白色。胸部、两胁具深灰色纵纹。翅上具白色翼带，翅长，几达尾端。

【地理分布】 柴河林业局。

灰纹鹟 *Muscicapa griseisticta* （冯桂林摄 柴河林业局）

137 乌鹟

Muscicapa sibirica

世界自然保护联盟（IUCN）评估为低度关注（LC）《中国脊椎动物红色名录》评估为无危（LC） 中国“三有”动物

【别名】 斑鹟、大眼嘴儿。

【英文名】 Dark-sided Flycatcher.

【识别特征】 上体烟灰褐色。眼圈白色。翅黑褐色，具淡黄白色翼斑。胸部具有分界不清的褐色粗纵纹。亚成体脸及背部具白色点斑。

【地理分布】 五岔沟林业局。

乌鹟 *Muscicapa sibirica* （冯桂林摄 五岔沟林业局）

138 北灰鹟

Muscicapa dauurica

世界自然保护联盟（IUCN）评估为低度关注（LC） 《中国脊椎动物红色名录》评估为无危（LC） 中国“三有”动物

【别名】 阔嘴鹟。

【英文名】 Asian Brown Flycatcher.

【识别特征】 上体灰褐色，眼圈和眼先白色，翅和尾暗褐色，翅上大覆羽具狭窄黄白色羽缘，三级飞羽具棕白色羽缘。下体灰白色，无纵纹。胸和两胁淡灰褐色。

【地理分布】 科尔沁右翼中旗、牙克石市、柴河林业局。

北灰鹟 *Muscicapa dauurica* （吴元和摄 柴河林业局）

139 白眉姬鹟

Ficedula zanthopygia

世界自然保护联盟（IUCN）评估为低度关注（LC）《中国脊椎动物红色名录》评估为无危（LC） 中国"三有"动物

【别名】 三色鹟。

【英文名】 Yellow-rumped Flycatcher.

【识别特征】 雄鸟：上体、两翅和尾黑色。腰部鲜黄色，具白色眉纹，翅上具长白斑。下体鲜黄色。雌鸟：眼先和眼周灰白色。上体橄榄绿色。腰部鲜黄色，翅上白斑较小。颏、喉部具橄榄色鳞状纹，下体淡黄色。

【地理分布】 五岔沟林业局。

白眉姬鹟 *Ficedula zanthopygia* （何国强摄 五岔沟林业局）

140 红喉姬鹟

Ficedula albicilla

世界自然保护联盟（IUCN）评估为低度关注（LC）《中国脊椎动物红色名录》评估为无危（LC） 中国“三有”动物

【别名】 黄点颏。

【英文名】 Red-breasted Flycatcher.

【识别特征】 雄鸟：上体灰黄褐色。尾羽黑褐色，尾羽基部白色。繁殖期颏、喉橙红色，非繁殖期为白色。雌鸟：颏、喉白色，胸部沾棕色，其余同雄鸟。

【地理分布】 扎赉特旗、五岔沟林业局、科尔沁右翼前旗、科尔沁右翼中旗。

红喉姬鹟 *Ficedula albicilla* （冯桂林摄 五岔沟林业局）

141 太平鸟

Bombycilla garrulus

世界自然保护联盟（IUCN）评估为低度关注（LC） 《中国脊椎动物红色名录》评估为无危（LC） 中国“三有”动物

【别名】 十二黄。

【英文名】 Bohemian Waxwing.

【识别特征】 头顶后部有明显的羽冠。颏喉部黑色。尾羽先端黄色。

【地理分布】 莫力达瓦达斡尔族自治旗、阿荣旗、南木林业局、巴林林业局、柴河林业局、科尔沁右翼前旗。

太平鸟 *Bombycilla garrulus* （王强摄 科尔沁右翼前旗索伦林场十家铺沟）

142 家麻雀

Passer domesticus

世界自然保护联盟（IUCN）评估为低度关注（LC）《中国脊椎动物红色名录》评估为无危（LC） 内蒙古自治区重点保护陆生野生动物

【别名】 燕子。

【英文名】 House Sparrow.

【识别特征】 小型鸟类。雄鸟头顶和腰灰色，背部呈栗红色，并具有黑色纵纹。颏、喉和上胸黑色。脸颊白色，其余下体白色沾棕色。翅上有一明显的白色带斑。雌鸟具土黄色眉纹，喉及上胸无黑色斑。

【地理分布】 扎兰屯市、额尔古纳市、扎鲁特旗。

家麻雀 *Passer domesticus* （冯桂林摄 扎兰屯市南木鄂伦春民族乡北沟三队）

143 麻雀

Passer montanus

世界自然保护联盟（IUCN）评估为低度关注（LC）《中国脊椎动物红色名录》评估为无危（LC）

【别名】家雀儿、老家贼。

【英文名】Eurasian Tree Sparrow.

【识别特征】头顶和后颈栗褐色。颈环和头侧白色，耳部有一黑斑，在白色的头侧极为醒目。颏、喉黑色。背肩部沙棕褐色并杂以显著的黑色纵纹。腰橄榄褐色沾棕色。大覆羽和中覆羽的白色羽端在翅上形成两道横斑纹。

【地理分布】扎赉特旗、扎兰屯市、科尔沁右翼中旗、科尔沁右翼前旗、巴林林业局、南木林业局、柴河林业局、免渡河林业局、乌奴耳林业局、巴林左旗、巴林右旗。

麻雀 *passer montanus* （冯桂林摄 扎兰屯市根多河林场）

144 山鹡鸰

Dendronanthus indicus

世界自然保护联盟（IUCN）评估为低度关注（LC）《中国脊椎动物红色名录》评估为无危（LC） 中国“三有”动物

【别名】 树鹡鸰。

【英文名】 Forest Wagtail.

【识别特征】 眉纹白色，上体橄榄褐色，翅黑褐色，具两道明显的白色翼斑。下体白色，胸部具明显的黑色斑纹，似倒“山”字形。

【地理分布】 巴林左旗。

山鹡鸰 *Dendronanthus indicus* （吴元和摄 巴林左旗乌兰坝）

145 黄鹡鸰

Motacilla tschutschensis

世界自然保护联盟（IUCN）评估为低度关注（LC）《中国脊椎动物红色名录》评估为无危（LC） 中国“三有”动物

【别名】 黄颤儿。

【英文名】 Eastern Yellow Wagtail.

【识别特征】 头顶和后颈蓝灰色。上体余部大都黄绿色。飞羽和翼上覆羽黑褐色。翅上有两道较明显的翼斑。最外侧两对尾羽大都白色。下体黄色。

【地理分布】 扎兰屯市、牙克石市、科尔沁右翼前旗。

黄鹡鸰 *Motacilla tschutschensis* （何国强摄 牙克石市）

146 黄头鹡鸰

Motacilla citreola

世界自然保护联盟（IUCN）评估为低度关注（LC）《中国脊椎动物红色名录》评估为无危（LC） 中国“三有”动物

【别名】 黄旦。

【英文名】 Citrine Wagtail.

【识别特征】 雄鸟：头部和下体羽黄色。最外侧两对尾羽具大的楔状白斑。翼上具两道白色翼斑。雌鸟：额和眉纹黄色，头顶、枕、后颈暗橄榄绿色。

【地理分布】 扎兰屯市、牙克石市、五岔沟林业局。

黄头鹡鸰 *Motacilla citreola* （方海涛摄 五岔沟林业局）

147 灰鹡鸰

Motacilla cinerea

世界自然保护联盟（IUCN）评估为低度关注（LC）《中国脊椎动物红色名录》评估为无危（LC） 中国“三有”动物

【别名】 水黄旦。

【英文名】 Gray Wagtail.

【识别特征】 上体深灰色沾橄榄绿色，最外侧一对尾羽白色。喉部黑色（冬羽呈白色）。下体余部黄色。雌鸟夏羽的颏、喉部白色，杂以黑色；胸以后的黄色不如雄鸟鲜亮而呈黄白色。

【地理分布】 广泛分布于次生林区。

灰鹡鸰 *Motacilla cinerea* （方海涛摄 柴河林业局）

148 白鹡鸰

Motacilla alba

世界自然保护联盟（IUCN）评估为低度关注（LC）《中国脊椎动物红色名录》评估为无危（LC） 中国“三有”动物

【别名】 白颤儿。

【英文名】 White Wagtail.

【识别特征】 额、头顶前部、头侧、颈侧、颏部白色。胸部具黑色横斑带。下体余部白色。上体大都黑色或灰色。最外侧两对尾羽白色，内翈基部具黑色羽缘。

【地理分布】 莫力达瓦达斡尔族自治旗、阿荣旗、扎兰屯市、扎赉特旗、乌奴耳林业局、鄂温克族自治旗、额尔古纳市、牙克石市、呼伦贝尔市、五岔沟林业局、科尔沁右翼前旗、科尔沁右翼中旗、扎鲁特旗。

白鹡鸰 *Motacilla alba* （方海涛摄 五岔沟林业局）

149 田鹨

Anthus richardi

世界自然保护联盟（IUCN）评估为低度关注（LC） 《中国脊椎动物红色名录》评估为无危（LC） 中国“三有”动物

【别名】 大花鹨。

【英文名】 Richard's Pipit.

【识别特征】 头部至体背面棕黄色，具暗褐色纵斑。眉纹黄白色，过眼线黑色，耳羽暗褐色。翼上覆羽棕黄色，具黑斑。颏和喉白色，侧面有一条黑褐色纵纹。胸部棕黄色，具黑褐色纵斑，下胸和腹部白色，侧面沾棕色。后爪长于后趾。

【地理分布】 扎兰屯市。

田鹨 *Anthus richardi* （方海涛摄 扎兰屯市）

150 树鹨

Anthus hodgsoni

世界自然保护联盟（IUCN）评估为低度关注（LC）《中国脊椎动物红色名录》评估为无危（LC） 中国“三有”动物

【别名】 麦加蓝儿。

【英文名】 Oriental Tree Pipit.

【识别特征】 眉纹白色沾棕色。耳羽后部有一白斑。上体橄榄绿色，头顶具细而密的黑褐色羽干纹。下体污白色沾棕色。胸部具点及条状斑，两胁和腹侧有栗色条纹。

【地理分布】 扎赉特旗、莫力达瓦达斡尔族自治旗、阿荣旗、巴林林业局、免渡河林业局、柴河林业局、乌奴耳林业局、五岔沟林业局、额尔古纳市、牙克石市、鄂温克族自治旗、红花尔基林业局、阿尔山林业局、白狼林业局、科尔沁右翼前旗、科尔沁右翼中旗。

树鹨 *Anthus hodgsoni* （方海涛摄 五岔沟林业局）

151 北鹨

Anthus gustavi

世界自然保护联盟（IUCN）评估为低度关注（LC） 《中国脊椎动物红色名录》评估为无危（LC） 中国“三有”动物

【别名】 白背鹨。

【英文名】 Pechora Pipit.

【识别特征】 上体棕褐色，具黑褐色纵纹，背羽具白色羽缘，具两条棕白色翼斑。

【地理分布】 扎兰屯市。

北鹨 *Anthus gustavi* （冯桂林摄 扎兰屯市）

152 水鹨

Anthus spinoletta

世界自然保护联盟（IUCN）评估为低度关注（LC）《中国脊椎动物红色名录》评估为无危（LC） 中国“三有”动物

【别名】 冰鸡。

【英文名】 Water Pipit.

【识别特征】 虹膜褐色，喙灰色。上体灰褐色具不清楚的暗褐色纵纹，翅具两条白色横带，下体棕白色或浅棕色。外侧尾羽具大型白斑。

【地理分布】 扎兰屯市。

水鹨 *Anthus spinoletta* （马颖伟摄 扎兰屯市）

153 燕雀

Fringilla montifringilla

世界自然保护联盟（IUCN）评估为低度关注（LC）《中国脊椎动物红色名录》评估为无危（LC） 中国“三有”动物

【别名】虎皮雀。

【英文名】Brambling.

【识别特征】头、后颈及上背黑色，具蓝色金属光泽。下背、腰、尾上覆羽白色。飞羽黑褐色，具黄白色羽缘。颏、喉和胸部橙黄色。下体余部白色沾棕色。雌鸟羽色较浅淡，头上部呈黑褐色，羽缘棕褐色。

【地理分布】扎赉特旗。

燕雀 *Fringilla montifringilla* （方海涛摄 扎赉特旗巴彦乌兰镇）

154 锡嘴雀

Coccothraustes coccothraustes

世界自然保护联盟（IUCN）评估为低度关注（LC）《中国脊椎动物红色名录》评估为无危（LC） 中国“三有”动物

【别名】 蜡嘴雀。

【英文名】 Hawfinch.

【识别特征】 嘴粗大。头棕黄色。额基和眼先黑色。颏喉部有一块黑斑。领环灰色。背部棕褐色。尾羽黑色，羽端具白斑。飞羽黑色，初级飞羽内翈中段具一大白斑。下体大都浅灰棕色。雌鸟眼先及额基的黑色羽尖端土黄色，喉部黑斑的色泽也较浅。

【地理分布】 阿荣旗、莫力达瓦达斡尔族自治旗、南木林业局、科尔沁右翼中旗、根河市。

锡嘴雀 *Coccothraustes coccothraustes* （方海涛摄 南木林业局）

155 黑尾蜡嘴雀

Eophona migratoria

世界自然保护联盟（IUCN）评估为低度关注（LC） 《中国脊椎动物红色名录》评估为无危（LC） 中国“三有”动物

【别名】 铜嘴。

【英文名】 Yellow-billed Grosbeak.

【识别特征】 雄鸟：嘴粗大呈橙黄色，尖端黑色。头至颈黑色，全身大致尾沙褐色，两肋橙褐色。雌鸟：头灰褐色，初级飞羽末端白色部分狭窄。

【地理分布】 扎兰屯市。

黑尾蜡嘴雀 *Eophona migratoria* （吴元和摄 扎兰屯市）

156 蒙古沙雀

Bucanetes mongolicus

世界自然保护联盟（IUCN）评估为低度关注（LC）《中国脊椎动物红色名录》评估为无危（LC）

【别名】 漠雀。

【英文名】 Mongolian Finch.

【识别特征】 头上部、后颈、背肩部、腰沙褐色，具褐色羽干纹（腰部除外）。尾上覆羽玫瑰色。飞羽和尾羽黑褐色，具棕白色羽缘，内侧飞羽端棕白色。下体胸腹中部近白色。余部淡棕色稍沾褐色，并染有玫瑰色。

【地理分布】 五岔沟林业局。

蒙古沙雀 *Bucanetes mongolicus* （方海涛摄 五岔沟林业局）

157 普通朱雀

Carpodacus erythrinus

世界自然保护联盟（IUCN）评估为低度关注（LC） 《中国脊椎动物红色名录》评估为无危（LC） 中国“三有”动物

【别名】 红雀。

【英文名】 Common Rosefinch.

【识别特征】 雄鸟：头顶、颏喉部、上胸及腰深红色。腹部及尾下覆羽近白色。雌鸟：上体橄榄褐色，具黑褐色纵纹。下体白色沾黄色，喉、胸及两胁有黑褐色纵纹。

【地理分布】 扎兰屯市、免渡河林业局、南木林业局、鄂温克族自治旗、白狼林业局、五岔沟林业局、扎鲁特旗。

普通朱雀 *Carpodacus erythrinus* （方海涛摄 五岔沟林业局）

158 长尾朱雀

Carpodacus sibiricus

世界自然保护联盟（IUCN）评估为低度关注（LC）《中国脊椎动物红色名录》评估为无危（LC） 中国“三有”动物

【别名】 粉红长尾雀。

【英文名】 Long-tailed Rosefinch.

【识别特征】 雄鸟：前额、颏、贯眼纹暗玫瑰红色。喉、腰及胸粉红色。背部有褐色纵纹。两翼多具白色，尾上覆羽玫瑰红色，外侧尾羽白色。雌鸟：上体具有灰色纵纹，下体灰白色，具褐色纵纹。

【地理分布】 莫力达瓦达斡尔族自治旗、阿荣旗、扎赉特旗、额尔古纳市、牙克石市。

长尾朱雀 *Carpodacus sibiricus* （方海涛摄 额尔古纳市）

159 北朱雀

Carpodacus roseus

国家Ⅱ级重点保护野生动物　世界自然保护联盟（IUCN）评估为低度关注（LC）《中国脊椎动物红色名录》评估为无危（LC）　中国“三有”动物

【别名】 靠山红。

【英文名】 Pallas's Rosefinch.

【识别特征】 雄鸟：头上部、后颈、颈侧、腰和尾上覆羽及下体大部分为洋红色。在额、头顶、颏喉部具珠光粉白色鳞状斑。雌鸟：上体大都淡棕褐色，具显著的黑褐色羽干纹。下体羽灰白色沾棕色，具黑褐色纵纹。在额、头顶、腰尾上覆羽和喉胸部具浓淡不同的赤红色。

【地理分布】 莫力达瓦达斡尔族自治旗、阿荣旗、南木林业局、扎赉特旗、牙克石市、白狼林业局、科尔沁右翼前旗、科尔沁右翼中旗。

北朱雀 *Carpodacus roseus* （齐志敏摄 白狼林业局）

160 金翅雀

Chloris sinica

世界自然保护联盟（IUCN）评估为低度关注（LC）《中国脊椎动物红色名录》评估为无危（LC）

【别名】 金翅。

【英文名】 Oriental Greenfinch.

【识别特征】 翅黑色，具黄色斑块。腰黄色沾绿色。尾基部黄色，羽端黑色。

【地理分布】 莫力达瓦达斡尔族自治旗、阿荣旗、南木林业局、扎兰屯市、额尔古纳市、扎赉特旗、科尔沁右翼前旗、科尔沁右翼中旗、扎鲁特旗。

金翅雀 *Chloris sinica* （方海涛摄 五岔沟林业局特门林场）

161 白腰朱顶雀

Acanthis flammea

世界自然保护联盟（IUCN）评估为低度关注（LC） 《中国脊椎动物红色名录》评估为无危（LC） 中国“三有”动物

【别名】 苏雀。

【英文名】 Common Redpoll.

【识别特征】 雄鸟：前头红色。额基、眼先及颏黑色。上体沙褐色，具黑褐色纵纹。腰白色沾粉红色，具暗色条纹。下体儿白色，喉及上胸粉红色，胁部具黑褐色纵纹。雌鸟：羽色似雄鸟，但喉及胸呈皮黄色。

【地理分布】 莫力达瓦达斡尔族自治旗、阿荣旗、南木林业局、巴林林业局、绰源林业局、免渡河林业局、乌奴耳林业局、科尔沁右翼中旗。

白腰朱顶雀 *Acanthis flammea* （齐志敏摄 乌奴耳林业局高吉山林场）

162 红交嘴雀

Loxia curvirostra

国家Ⅱ级重点保护野生动物　世界自然保护联盟（IUCN）评估为低度关注（LC）　《中国脊椎动物红色名录》评估为无危（LC）

【别名】 青交嘴。

【英文名】 Red Crossbill.

【识别特征】 上下嘴先端交叉，雄鸟通体朱红色，尤以头、腰和胸部较鲜亮，喉、胸和两胁沾黄绿色，尾下覆羽黑褐色，羽缘灰白色。

【地理分布】 牙克石市、额尔古纳市、根河市。

红交嘴雀 *Loxia curvirostra* （冯桂林摄 额尔古纳市）

163 黄雀

Spinus spinus

世界自然保护联盟（IUCN）评估为低度关注（LC） 《中国脊椎动物红色名录》评估为无危（LC） 中国“三有”动物

【英文名】 Eurasian Siskin.

【识别特征】 雄鸟：颏、额、头顶黑色。喉胸部、脸、腰及尾上覆羽黄色。雌鸟：羽色似雄鸟，但头及颏无黑色；头顶至背部、尾上覆羽均具褐色细纵纹。

【地理分布】 科尔沁右翼前旗、根河市、额尔古纳市、五岔沟林业局。

黄雀 *Spinus spinus* （冯桂林摄 根河市）

164 灰眉岩鹀

Emberizae godlewskii

世界自然保护联盟（IUCN）评估为低度关注（LC） 《中国脊椎动物红色名录》评估为无危（LC） 中国“三有”动物

【别名】 灰头雀。

【英文名】 Godlewski’s Bunting.

【识别特征】 上体沙褐色，具黑褐色宽纵纹。颏、喉及前胸蓝灰色。下体余部皮黄棕色。

【地理分布】 扎兰屯市。

灰眉岩鹀 *Emberizae godlewskii* （齐志敏摄 扎兰屯市）

165 三道眉草鹀

Emberiza cioides

世界自然保护联盟（IUCN）评估为低度关注（LC）《中国脊椎动物红色名录》评估为无危（LC） 中国“三有”动物

【别名】山老家贼。

【英文名】Meadow Bunting.

【识别特征】眉纹和颊灰白色。头顶栗色。体背面红棕色或灰褐色，具黑褐色纵纹。

【地理分布】科尔沁右翼前旗、科尔沁右翼中旗、莫力达瓦达斡尔族自治旗、阿荣旗、扎兰屯市、扎赉特旗、柴河林业局、南木林业局、牙克石市、阿尔山林业局、五岔沟林业局、额尔古纳市、扎鲁特旗。

三道眉草鹀 *Emberiza cioides* （齐志敏摄 五岔沟林业局五岔沟林场半截沟）

166 栗耳鹀

Emberiza rutila

世界自然保护联盟（IUCN）评估为低度关注（LC）《中国脊椎动物红色名录》评估为无危（LC） 中国“三有”动物

【别名】 灰头雀。

【英文名】 Chestnut-eared Bunting.

【识别特征】 头顶、枕至后颈灰褐色，具褐色纵纹；眉纹、颊纹及颈侧灰白色，耳羽栗色，后颈有一小白点斑，背棕红色，具黑褐色粗羽干纹；颏喉近白色；髭纹黑褐色，并与前胸的“T”字形黑色胸环相连接，胸环后方还有一条红褐色胸带。

【地理分布】 莫力达瓦达斡尔族自治旗、阿荣旗、扎赉特旗、额尔古纳市、牙克石市、五岔沟林业局、科尔沁右翼前旗。

栗耳鹀 *Emberiza rutila* （齐志敏摄 阿荣旗查巴奇林场）

167 小鹀

Emberiza pusilla

世界自然保护联盟（IUCN）评估为低度关注（LC）《中国脊椎动物红色名录》评估为无危（LC） 中国“三有”动物

【别名】 红脸鹀。

【英文名】 Little Bunting.

【识别特征】 眉纹棕色。头侧线及颚纹黑色，中央冠纹栗红色。

【地理分布】 扎赉特旗、南木林业局、柴河林业局、莫力达瓦达斡尔族自治旗、鄂温克族自治旗、五岔沟林业局、科尔沁右翼前旗、科尔沁右翼中旗、扎鲁特旗。

小鹀 *Emberiza pusilla* （方海涛摄 柴河林业局）

168 黄眉鹀

Emberiza chrysophrys

世界自然保护联盟（IUCN）评估为低度关注（LC）《中国脊椎动物红色名录》评估为无危（LC） 中国“三有”动物

【别名】 大眉子。

【英文名】 Yellow-browed Bunting.

【识别特征】 头黑色。眉纹白色，前段沾黄色。具白色中央冠纹。耳羽后有一白色斑点。

【地理分布】 鄂温克族自治旗、五岔沟林业局、扎赉特旗、扎鲁特旗。

黄眉鹀 *Emberiza chrysophrys* （齐志敏摄 五岔沟林业局、鄂温克族自治旗）

169 田鹀

Emberiza rustica

世界自然保护联盟（IUCN）评估为易危（VU）《中国脊椎动物红色名录》评估为无危（LC）　中国“三有”动物

【别名】 田雀。

【英文名】 Rustic Bunting.

【识别特征】 虹膜深栗褐色，喙深灰色，基部粉色。雄鸟头具黑白色条纹，颈背、胸带、两胁纵纹及腰棕色，略具羽冠；雌鸟白色部分色暗，染皮黄色的脸颊后方通常具一近白色点斑。

【地理分布】 巴林林业局、南木林业局、绰尔林业局、牙克石市、额尔古纳市、柴河林业局。

田鹀 *Emberiza rustica* （方海涛摄 柴河林业局韭菜沟林场）

170 黄喉鹀

Emberiza elegans

世界自然保护联盟（IUCN）评估为低度关注（LC）《中国脊椎动物红色名录》评估为无危（LC） 中国“三有”动物

【别名】 黄豆瓣。

【英文名】 Yellow-throated Bunting.

【识别特征】 雄鸟：头、眉纹及喉黄色，具黑褐色羽冠。颊、耳羽及眼先黑色。上胸具黑色斑块。雌鸟：羽冠及耳羽呈褐色，缀黑色细纹。

【地理分布】 莫力达瓦达斡尔族自治旗、阿荣旗、扎兰屯市、扎赉特旗、五岔沟林业局、科尔沁右翼前旗、科尔沁右翼中旗。

黄喉鹀 *Emberiza elegans* （齐志敏摄 五岔沟林业局明水林场大直道管护点）

171 黄胸鹀

Emberiza aureola

国家Ⅰ级重点保护野生动物　世界自然保护联盟（IUCN）评估为极危（CR）《中国脊椎动物红色名录》评估为濒危（EN）　中国“三有”动物　内蒙古自治区重点保护陆生野生动物

【别名】 金鹀。

【英文名】 Yellow-breasted Bunting.

【识别特征】 雄鸟额、头侧及喉黑色，颈至腹鲜黄色，胸部具栗色环带。雌鸟具黄白色眉纹，耳羽褐色，头顶栗褐色，具纵纹，下体淡黄色。

【地理分布】 免渡河林业局、五岔沟林业局、红花尔基林业局、科尔沁右翼中旗。

黄胸鹀 *Emberiza aureola*　（方海涛摄　五岔沟林业局）

172 灰头鹀

Emberiza spodocephala

世界自然保护联盟（IUCN）评估为低度关注（LC）《中国脊椎动物红色名录》评估为无危（LC） 中国"三有"动物

【别名】 青头鹀。

【英文名】 Black-faced Bunting.

【识别特征】头、颈、颏、喉及胸均为灰绿色，上喙近黑色，下喙偏粉色。背部橄榄褐色，具黑褐色纵纹。下体黄色。雄鸟嘴基、眼先及颏呈黑色。

【地理分布】 莫力达瓦达斡尔族自治旗、免渡河林业局、鄂温克族自治旗、五岔沟林业局、科尔沁右翼中旗。

灰头鹀 *Emberiza spodocephala* （冯桂林摄 免渡河林业局）

173 苇鹀

Emberiza pallasi

世界自然保护联盟（IUCN）评估为低度关注（LC）《中国脊椎动物红色名录》评估为无危（LC） 中国“三有”动物

【别名】山家雀儿。

【英文名】Pallas's Bunting.

【识别特征】小覆羽灰色。雄性的头、喉和上胸黑色，领斑白色，腹部白色。雌性的额、头顶、耳羽黑褐色，颚纹黑色。

【地理分布】扎赉特旗、阿荣旗、五岔沟林业局。

苇鹀 *Emberiza pallasi* （方海涛摄 五岔沟林业局）

哺乳纲

MAMMALIA

174 小飞鼠

Pteromys volans

《中国脊椎动物红色名录》评估为易危（VU） 中国“三有”动物 内蒙古自治区重点保护陆生野生动物

【别名】 飞鼠。

【英文名】 Siberian Flying Squirrel.

【识别特征】 体型小。灰褐色。眼大。耳基部无细长簇毛。尾长短于体长；尾扁平，呈羽状；被有柔软的长毛。前后肢间具皮膜。

【地理分布】 柴河林业局、五岔沟林业局、南木林业局、巴林林业局。

小飞鼠 *Pteromys volans* （冯桂林摄 五岔沟林业局蛤蟆沟林场）

175 松鼠

Sciurus vulgaris

《中国脊椎动物红色名录》评估为近危（NT） 中国“三有”动物 内蒙古自治区重点保护陆生野生动物

【别名】 灰鼠。

【英文名】 Eurasian Red Squirrel.

【识别特征】 头圆。鼻端突出。眼大而黑。耳壳发达，冬季耳端有黑色毛簇。尾长接近体长，尾毛蓬松且略扁平。身体背面冬季为灰褐色，夏季为黑褐色，腹面两季均为白色。

【地理分布】 巴林林业局、南木林业局、扎兰屯市、柴河林业局、绰源林业局、五岔沟林业局、阿尔山林业局、红花尔基林业局、白狼林业局。

松鼠 *Sciurus vulgaris* （方海涛摄 柴河林业局柴河口林场）

176 花鼠

Tamias sibiricus

《中国脊椎动物红色名录》评估为无危（LC） 中国“三有”动物

【别名】 北花松鼠。

【英文名】 Siberian Chipmunk.

【识别特征】 体型较小。耳壳发达，明显伸出毛被之外，无簇毛。尾长大于体长之半，在体背及体侧具 5 条黑色或棕黑色的暗色纵行条纹，在暗色条纹之间的毛色较淡。

【地理分布】 莫力达瓦达斡尔族自治旗、扎兰屯市、南木林业局、乌奴耳林业局、五岔沟林业局、阿尔山林业局、白狼林业局、科尔沁右翼中旗、阿荣旗、柴河林业局、扎鲁特旗。

花鼠 *Tamias sibiricus* （齐志敏摄 五岔沟林业局）

177 达乌尔黄鼠
Spermophilus dauricus

《中国脊椎动物红色名录》评估为无危（LC）

【别名】 草原黄鼠。

【英文名】 Daurian Ground Squirrel.

【识别特征】 体型中等，细长。体背毛棕黄色，杂有黑褐色；腹部沙黄色。头大，眼大。耳廓短，呈褶皱状。尾较短，为体长的 1/4 ～ 1/3，末端尾毛蓬松。

【地理分布】 扎兰屯市、五岔沟林业局、阿尔山林业局、白狼林业局、科尔沁右翼中旗、阿荣旗、扎鲁特旗、额尔古纳市。

达乌尔黄鼠 *Spermophilus dauricus* （方海涛摄 额尔古纳市）

178 蒙古旱獭

Marmota sibirica

《中国脊椎动物红色名录》评估为无危（LC）

【别名】 西伯利亚旱獭。

【英文名】 Tarbagan Marmot.

【识别特征】 体型粗壮，四肢短，耳、尾小。体背黄褐色，鼻端、眼至两耳前暗褐色，具深褐色颊斑。

【地理分布】 扎兰屯市、五岔沟林业局、阿尔山林业局、白狼林业局、科尔沁右翼中旗、阿荣旗、扎鲁特旗、额尔古纳市。

蒙古旱獭 *Marmota sibirica* （方海涛摄 额尔古纳湿地自然区级自然保护区）

179 麝鼠

Ondatra zibethicus

《中国脊椎动物红色名录》评估为无危（LC）

【别名】 水耗子。

【英文名】 Muskrat.

【识别特征】 田鼠亚科中个体最大的种类，平均体长大于 260 毫米，颅全长大于 60 毫米。外貌有明显的水生生活的特性。尾侧扁，基部圆形。后趾间具半蹼，后足外缘有明显的适于游泳的穗毛。

【地理分布】 科尔沁右翼前旗。

麝鼠 *Ondatra zibethicus* （齐志敏摄 科尔沁右翼前旗）

180 东北鼠兔

Ochotona hyperborea

《中国脊椎动物红色名录》评估为无危（LC）

【别名】 石兔。

【英文名】 Northern Pika.

【识别特征】 中等体型鼠兔。耳大，呈卵圆形，有明显的白边。头骨较小，成体颅全长一般不超过 43 毫米。齿隙较短，其长度等于或略超过上齿列长。

【地理分布】 五岔沟林业局、阿尔山市、柴河林业局。

东北鼠兔 *Ochotona hyperborea* （方海涛摄 柴河林业局月亮天池）

181 蒙古兔

Lepus tolai

《中国脊椎动物红色名录》评估为无危（LC）

【别名】 草原兔。

【英文名】 Tolai Hare.

【识别特征】 耳长，尾短。尾背面中央有一块明显的黑斑或黑棕色斑，斑块周围及尾腹面白色。

【地理分布】 柴河林业局、扎兰屯市、扎鲁特旗。

蒙古兔 *Lepus tolai* （方海涛摄 扎鲁特旗）

182 雪兔

Lepus timidus

国家Ⅱ级重点保护野生动物 《中国脊椎动物红色名录》评估为无危（LC）

【别名】 变色兔。

【英文名】 Snow Hare.

【识别特征】 耳短，向前折可达鼻端。夏毛背部和体侧棕褐色。冬毛白色，仅耳尖和眼周黑色。

【地理分布】 绰尔林业局、额尔古纳市、白狼林业局、柴河林业局。

雪兔 *Lepus timidus* （方海涛摄 柴河林业局）

183 沙狐

Vulpes corsac

国家Ⅱ级重点保护野生动物 《中国脊椎动物红色名录》评估为近危（NT） 中国“三有”动物 内蒙古自治区重点保护陆生野生动物

【别名】 狐子。

【英文名】 Corsac Fox.

【识别特征】 体型较小，体长不及60厘米。背面浅棕褐色，杂以花白色调，腹面白色。体侧及四肢前侧淡黄色。耳背面灰褐色而稍带浅棕色。尾部灰褐色，尾梢褐色。

【地理分布】 柴河林业局、乌奴耳林业局、五岔沟林业局。

沙狐 *Vulpes corsac* （方海涛摄 柴河林业局）

184 赤狐

Vulpes vulpes

国家Ⅱ级重点保护野生动物 《中国脊椎动物红色名录》评估为近危(NT)
中国“三有”动物 内蒙古自治区重点保护陆生野生动物

【别名】 红狐。

【英文名】 Red Fox.

【识别特征】 通体棕黄色或褐色。耳背面深褐色。四肢色较躯干部稍深，尤以腿后侧为甚。尾部棕褐色，具暗褐色带斑，尾梢白色。

【地理分布】 莫力达瓦达斡尔族自治旗、阿荣旗、巴林林业局、南木林业局、扎兰屯市、柴河林业局、免渡河林场、鄂温克族自治旗、牙克石市、五岔沟林业局、额尔古纳市、扎赉特旗、扎鲁特旗。

赤狐 *Vulpes vulpes* （齐志敏摄 牙克石市免渡河林场）

185 貉

Nyctereutes procyonoides

国家Ⅱ级重点保护野生动物 《中国脊椎动物红色名录》评估为近危(NT)

中国“三有”动物 内蒙古自治区重点保护陆生野生动物

【别名】 土狗。

【英文名】 Raccoon Dog.

【识别特征】 体型较小。身躯肥胖，四肢短，尾粗短。通体棕灰色。颊部具向两侧延伸的灰白色长毛。四肢乌黑。

【地理分布】 扎兰屯市、柴河林业局、莫力达瓦达斡尔族自治旗。

貉 *Nyctereutes procyonoides* （冯桂林摄 莫力达瓦达斡尔族自治旗霍日里河林场塔北村）

186 棕熊

Ursus arctos

国家Ⅱ级重点保护野生动物 《中国脊椎动物红色名录》评估为易危(VU)

【别名】 马熊。

【英文名】 Brown Bear.

【识别特征】 体型庞大，四肢粗壮，腰粗肩隆，尾甚短。头大面圆，吻部突出，鼻端裸露。眼小。耳小而圆。毛色呈棕黑色、棕黄色、棕红色，四肢黑色或浅棕色。鼻面部棕褐色或浅黄色。

【地理分布】 乌奴耳林业局、柴河林业局、五岔沟林业局。

棕熊 *Ursus arctos* （齐志敏摄 五岔沟林业局）

187 艾鼬

Mustela eversmanii

《中国脊椎动物红色名录》评估为易危（VU） 中国“三有”动物 内蒙古自治区重点保护陆生野生动物

【别名】 艾虎。

【英文名】 Steppe Polecat.

【识别特征】 肩部毛短，背中部毛特长，形成驼背状。背部棕黄色，但后背和腰部的毛尖黑色。胸部和鼠蹊部及四肢黑褐色。耳背及外缘为白色。

【地理分布】 科尔沁右翼前旗。

艾鼬 *Mustela eversmanii* （齐志敏摄 科尔沁右翼前旗）

188 黄鼬

Mustela sibirica

《中国脊椎动物红色名录》评估为无危（LC） 中国“三有”动物 内蒙古自治区重点保护陆生野生动物

【别名】 黄鼠狼。

【英文名】 Siberian Weasel.

【识别特征】 全身毛色棕黄，背腹与体侧无明显的分界线。眼周及鼻部暗褐色，上下唇白色。喉部和颈下常有白斑，但个体差异较大。

【地理分布】 莫力达瓦达斡尔族自治旗、免渡河林业局、扎兰屯市、柴河林业局。

黄鼬 *Mustela sibirica* （冯桂林摄 莫力达瓦达斡尔族自治旗红彦镇三合一村）

189 亚洲狗獾

Meles leucurus

《中国脊椎动物红色名录》评估为近危（NT） 中国“三有”动物 内蒙古自治区重点保护陆生野生动物

【别名】 臧獾。

【英文名】 Siberian Weasel.

【识别特征】 鼻端较尖。喉部、前爪及尾均与体背同色，为黑褐色。齿数 34 枚，第 1 上前臼齿缺失。

【地理分布】 扎兰屯市、柴河林业局、科尔沁右翼前旗、绰尔林业局、五岔沟林业局、鄂温克族自治旗、白狼林业局。

亚洲狗獾 *Meles leucurus* （张晓东摄 白狼林业局）

190 豹猫

Prionailurus bengalensis

国家Ⅱ级重点保护野生动物 《中国脊椎动物红色名录》评估为易危(VU)
中国“三有”动物 内蒙古自治区重点保护陆生野生动物

【别名】 麻狸子。

【英文名】 Leopard Cat.

【识别特征】 头圆而小，吻很短。瞳孔直立。鼻两侧、两眼内侧向上至额各有一条白纹。颊部各有1条黑横纹。头部至肩部有4条黑褐色纵纹(或点斑)，其中2条延伸到尾基。尾长约为体长的1/2。

【地理分布】 扎兰屯市。

豹猫 *Prionailurus bengalensis* （方海涛摄 扎兰屯市）

191 狼

Canis lupus

国家Ⅱ级重点保护野生动物　《中国脊椎动物红色名录》评估为近危(NT)

中国“三有”动物

【别名】 灰狼。

【英文名】 Wolf.

【识别特征】 形似家犬，躯体和四肢细长而矫健。体色多呈灰黄色，但个体差异较大，亦有棕灰色、棕黄色或灰褐色者。背侧和体侧毛尖黑色。额部、耳部、背部毛色较暗，腹侧、四肢内侧毛色灰白。尾羽体色相同。鼻吻部较突出。双耳直立。尾毛蓬松，尾不向上卷曲。

【地理分布】 巴林林业局、免渡河林场、绰尔林业局、白狼林业局。

狼 *Canis lupus* （齐志敏摄 白狼林业局）

192 猞猁

Lynx Lynx

国家Ⅱ级重点保护野生动物 《中国脊椎动物红色名录》评估为濒危(EN)

【别名】 猞猁狲。

【英文名】 Lynx.

【识别特征】 体型中等大小。四肢粗长。尾显著短小。耳端簇毛高耸。头侧长毛下垂。

【地理分布】 五岔沟林业局、柴河林业局、扎兰屯市。

猞猁 *Lynx Lynx* （齐志敏摄 五岔沟林业局）

193 野猪

Sus scrofa

《中国脊椎动物红色名录》评估为无危（LC） 中国“三有”动物

【别名】 山猪。

【英文名】 Wild Boar.

【识别特征】 体型似家猪，但较粗壮。头较狭长，吻部突出。肩部高于臀部。犬齿发达呈獠牙状，雄性露出外唇。夏季毛色棕黑，背脊中央有鬃毛，冬季针毛下生有厚的绒毛。

【地理分布】 阿荣旗、扎兰屯市、南木林业局、巴林林业局、扎赉特旗、免渡河林业局、科尔沁右翼前旗、乌奴耳林业局、五岔沟林业局、柴河林业局、额尔古纳市、牙克石市、白狼林业局、扎鲁特旗。

野猪 *Sus scrofa* （齐志敏摄 白狼林业局）

194 原麝

Moschus moschiferus

国家Ⅰ级重点保护野生动物 《中国脊椎动物红色名录》评估为极危(CR)

【别名】獐。

【英文名】Siberian Musk Deer.

【识别特征】雄性体型大于雌性。雌雄均无角。头小、眼大。耳长而直立，上部近圆形。成兽体表多有浅色斑点。雄性上犬齿呈獠牙状，露出唇外。雄性腹部有麝香腺。尾极短，隐于毛丛中。

【地理分布】柴河林业局、五岔沟林业局、白狼林业局、免渡河林业局。

原麝 *Moschus moschiferus* （红外相机自动拍摄 五岔沟林业局）

195 马鹿

Cervus elaphus

国家Ⅱ级重点保护野生动物 《中国脊椎动物红色名录》评估为濒危(EN)

【别名】 东北马鹿。

【英文名】 Red Deer.

【识别特征】 雄性具角，除尖端较光滑外，角面粗糙，角基有一小圈瘤状突。鼻端裸露。具裂隙状眶下腺。耳长而尖。颈部较长。

【地理分布】 巴林林业局、扎兰屯市、免渡河林场、牙克石市、阿尔山林业局、白狼林业局、扎鲁特旗、柴河林业局。

马鹿 *Cervus elaphus* （齐志敏摄 白狼林业局）

196 美洲驼鹿

Alces americanus

国家Ⅰ级重点保护野生动物 《中国脊椎动物红色名录》评估为极危(CR)

【别名】 犴。

【英文名】 Moose.

【识别特征】 体型高大。雄性具角，呈宽大的掌状。头长，眼小，吻鼻部膨大。上唇明显长于下唇。颈部粗壮，肩峰高，喉下具颌囊，尾短。身体被毛棕褐色至黑褐色。

【地理分布】 乌奴耳林业局、绰尔林业局、免渡河林业局、鄂温克族自治旗、柴河林业局、白狼林业局。

美洲驼鹿 *Alces americanus* （张晓东摄 白狼林业局）

197 西伯利亚狍

Capreolus pygargus

《中国脊椎动物红色名录》评估为近危（NT） 中国“三有”动物 内蒙古自治区重点保护陆生野生动物

【别名】 狍子。

【英文名】 Siberian Roe Deer.

【识别特征】 体型中等大小。头部侧观似三角形。额较高，吻鼻端裸出。眼大。耳大，直立，内外均被毛。仅雄性具角，角较细短，分 3 叉，无眉叉，角干上及角基有节突。颈长。四肢细长。蹄狭窄，悬蹄小。无上犬齿。尾短。身体被毛棕黄色，无明显斑点。臀具白色臀斑。

【地理分布】 次生林区均有分布。

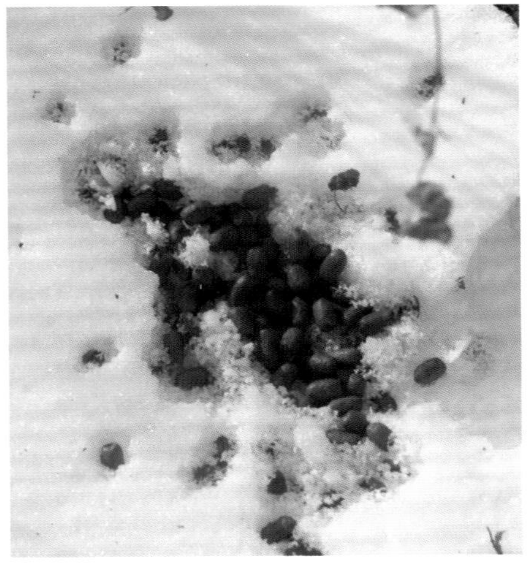

西伯利亚狍 *Capreolus pygargus* （达赖摄 巴林右旗赛罕乌拉国家级自然保护区）

中文名索引

J

L

M

L

N

O

P

Q

R

S

拉丁名索引

A

B

C

参 考 文 献

[1] 郑光美 . 中国鸟类分类与分布名录 [M].3 版 . 北京：科学出版社，2017.

[2] 杨贵生 . 内蒙古常见动物图鉴 [M]. 北京：高等教育出版社，2017.

[3] 聂延秋 . 中国鸟类识别手册 [M]. 北京：中国林业出版社，2017.

[4] 旭日干 . 内蒙古动物志：第二卷 [M]. 呼和浩特：内蒙古大学出版社，2001.

[5] 旭日干 . 内蒙古动物志：第三卷 [M]. 呼和浩特：内蒙古大学出版社，2013.

[6] 旭日干 . 内蒙古动物志：第四卷 [M]. 呼和浩特：内蒙古大学出版社，2015.

[7] 旭日干 . 内蒙古动物志：第五卷 [M]. 呼和浩特：内蒙古大学出版社，2016.

[8] 旭日干 . 内蒙古动物志：第六卷 [M]. 呼和浩特：内蒙古大学出版社，2016.